大是文化

投入，就有出路

大家都說要用熱情做事，
謝銘杰卻說，成功得
「先忘記你的情緒」

尾牙大王、飛虹國際整合行銷公關公司總經理
謝銘杰著　彭芃萱◎採訪撰文

目錄 CONTENTS

目錄 CONTENTS

第6章 一頭栽進去，出路才會冒出來 229

推薦序一

從投入工作，到與工作相容

前建國工程總經理　林子超

和Wilson（按：謝銘杰的英文名）第一次見面，是在二〇〇〇年，大約在冬季時候。初次見面的印象是：「怎麼有這麼年輕的老闆？」

那年他才二十歲！瘦高的身軀，一雙布滿厚繭的大手，一副看似營養不良的樣子——但是炯炯有神的雙眼卻充滿著熱切的期待：期待著說服智邦科技的年終尾牙由飛虹來承辦的熱切（按：筆者時任智邦科技）！期待著藉由公司創辦以來的第一場活動，來肯定自己能力的熱切！經過了十六年，這幅景象依然鮮明地烙印在我的腦海裡。

十六年來，我們從原來一般的業主與協力廠商的關係，變成如品管大師戴明所言：「長期可以信賴的忠實業主與協力廠商的關係。」即使歷經了不同企業、不同職務，凡是有活動需要企劃執行時，我第一個想到的就是Wilson。

在我的個人信仰裡，任何活動都是組織企業文化、組織企業族群（無論是客戶、業主、業界夥伴，甚至是競爭對手）、讓彼此之間可以進行深度對話的重要事項，尤其是尾牙。

在現今這個社會裡，大部分的人不缺吃那麼一頓豐盛（甚至過多）的晚餐，但是尾牙最原始的目的——也就是雇主對夥伴們、以及對夥伴背後默默支持的家人們的感謝——都被多數人忽略了；也同時忘了，社會上還有許多弱勢的人（團體），在每年這個時候無法安頓；更多人還忘了，**一個企業的活動，是可以不落俗套的、溫潤的表現出企業的人文涵養，讓所有參與的人感受到層次豐富的「軟實力」，而非只是一場經費浩大的排場。**

這些難題，在我過去十六年期間所服務的不同企業裡，無論是智邦科技的感恩晚會；建國工程的尾牙感恩活動、家庭日；或是誠品於蘇州湖畔的一場開幕典禮，都在無數次與Wilson不斷的討論、激盪、溝通和修正中，轉化成令人深刻的印象，讓所有參加的同仁、家屬、來賓、以及特別邀請的弱勢團體孩童們津津樂道，甚至可以數年而不忘。

如今我和Wilson之間，已經從原先單純的討論工作，到現在變成可以暢談生命價值觀和許多內心深層對話的君子之交。也許我們每年就見那麼一、二次面，偶爾通上幾通電話，卻可以從問候近況和無所事事的閒聊中，淡淡的表達對彼此的關心和對生命價值觀的心得分享。

最近幾年的聯絡，漸漸的感受到他的改變，或是用「成熟」這個詞彙更加恰當。Wilson從工作上百分百的投入，轉變成對周遭生活的相容；從百分百的嚴格要求自己及同仁，轉化成更多的溫暖、關心與理解。有人告訴我，Wilson現在對同仁放鬆多了，其實我覺得是Wilson對自己放鬆多了，而我欣然看到他的這些改變。

生命沒有進入永恆，誰也不知道會如何發生，但是如同你們從這本書所讀到的，我們都喜悅看到Wilson一路走來雖然辛苦，但這些苦沒有白受，反而換化成滋潤他生命的養分。淡淡的老生常談——卻是Wilson辛苦走過三十幾個年頭的心路歷程。Wilson，祝福你。

推薦序二

你可以是別人生命中的好鏡子

亞洲亞太廣播電台總經理　郭懿堅

成功路上，人人都是彼此的一面鏡子。有的人起跑點跟你相同，走你走過的路，證明了這條路走得通，那麼，你憑什麼辦不到？所以，即使披荊斬棘也要試著闖一闖。

我跟Wilson就是彼此的鏡子，在人生的旅途中，相遇、相知，互相砥礪。看著他從無到有，創業圓夢，彷彿在鏡中看見自己的倒影，那個當年滿腹雄心壯志，把吃苦當作吃補的小伙子。

一九九六年，我憑著對傳播媒體的高度興趣、與想自行創業的願景，投入廣播事業，經營亞洲電台，建立品牌奠定根基。之後擴大傳播媒體事業版圖，加入了亞太電台以及飛揚電台經營，成功的打造出桃竹苗最具影響力的「亞洲廣播家族」。

我從小在華西街長大，家裡是殺蛇、賣蛇的，每當有媒體朋友來採訪，他們一聽到我的成長環境，總是掩飾不住驚訝。畢竟時至今日，誰會料想得到，一個賣蛇的年輕人，竟然會是廣播電台的總經理？

Wilson也是，雖然沒有顯赫的家世、高學歷的光環，人生經歷更是命運多舛：兒時沒有父母陪伴成長，高一被退學，遭逢至親背叛，當過發傳單的小弟、餐廳服務生、工人，如今卻是飛虹國際整合行銷公關顧問公司的總經理，身價上億。

然而，大多數人只看到成功表面的光鮮亮麗，背後的辛酸血淚史卻鮮為人知。或許正因為相似的成長背景，我與他一見如故，看著眼前的這位年輕人，我清楚知道，他的成功不是單靠機運就能一蹴可及，而是過去的艱困磨難成就今日。

在創辦亞洲電台之前，我還只是個小小地下電台的經營者，連申請一張正式的電台經營許可執照都被打回票。意志消沉的我看到高雄大眾電台開播的消息，創辦人袁志業的照片被刊登在報紙上，媒體稱他是最年輕有為的電台總經理，兩者比較之下相形見絀，心中百感交集。

後來亞洲電台開播，我才二十五歲，號稱是當時最年輕的電台總經理，直到認識了小我十歲的Wilson。他二十二歲創業，二十六歲就出版第一本書，對大多數人來說，這還是初出茅廬的年紀，別人才剛出師，他已經當了師父。

我向來鼓勵年輕人勇於嘗試，突破自我，不要怕失敗，做了就有機會，而Wilson正具備了這樣的膽識跟氣魄，赤手空拳打下一片江山。有句話說：「年輕就是本錢」，我認為投資自己是一門永遠都不虧本的生意，但是要如何提升自我價值，Wilson已經做了最好的示範。

我小時候同樣是個專出主意的點子王。為了賺取零用錢，十歲就在家門口擺攤，批發糖果回來給小朋友抽獎，這可以說是我人生第一個小本經營的生意。

到了國一，當時流行裝小耳朵看有線電視，加上我對工程頗有天份，於是靈機一動，開始了幫人安裝衛星天線的小事業。兒時經驗，啟蒙了我日後對自己經營公司的興趣。沒想到就連這些經歷，Wilson也跟我如出一轍。Wilson小學五年級就懂得利用差價幫同學點餐賺錢，後來還賣起玩具，一個月最多能賺到三千元，對一個小學生來說，這可是天價了。

我想強調的是，別小看夢想帶來的正能量，敢作夢就要敢行動，Wilson從小到大都貫徹了這樣的信念。**當別人按部就班的時候，更要勇於挑戰更多的可能性。**Wilson曾這樣描述他的成功：「我其實只是創意、執行力、控制成本三者配合得宜，加上運氣好。」其中，我認為最關鍵的就是創意。而Wilson就像魔術師，腦袋裡總有用不完的好點子，手中永遠有變不完的花樣，讓觀眾引頸企盼他的下一場精湛完美演出！

成功的路上，能做彼此的鏡子，何其有幸。

推薦序三

勇敢作夢、認真做事

影視歌全能創作鬼才　唐從聖

從小屁孩到大老闆、從低學歷到高成就，從硬體工人變成公關巨擘、從身無分文變成身價上億……謝銘杰，這位大家熟悉的「活動達人：Wilson」，總是能改變逆境、力爭上游，而且他對於理想的堅持也超乎常人。

他「圓夢的機制」一旦啟動，可說是未達目的絕不放棄。如此擁有破釜沉舟、勇往直前的決心，以及細膩心思和果斷的決策力，躍身為「人生的勝利組」，也是必然的結果。

謝銘杰不只在事業上如此，在感情上也是這樣。只要堅持到底、努力不懈，終能抱得美人歸，修成好姻緣。他的人生，讓我們學習到「勇敢作夢、認真做事」

的重要。當年他白手起家，拒絕了家援；而今能夠事業有成，全憑自己的信仰和毅力，成就了他今日倒吃甘蔗、苦盡甘來的甜美生活。

這本書裡，謝銘杰清楚描述了他治事的心法和成功的軌跡，不仰賴外界的「援助」，不倚靠無謂的「交際」，值得當下許多想靠著「援助交際」來圓夢的年輕人，作為他們築夢的參考指標。字裡行間，不難看出他一直都很清楚自己要的是什麼，也不斷的在朝著理想中的目標前進，白話易懂，娓娓道來。

全書裡面只有一段話讓我不能認同，就是形容我跟搭檔曲艾玲主持活動的「不協調」畫面——我真的沒有那麼矮，何況女藝人都有穿高跟鞋啊！

推薦序四

我們都是自己未來的創造者

宏達電基金會董事　盧克文

九年來，宏達基金會積極推動「人人有好品格、彼此尊重與扶持、讓地球可愛起來」的使命宣言，我受邀於各大院校、機關及企業內演講時，發現現在的社會既沮喪又消極，許多人只尋求小確幸格局。我因此體會到，想要激發出未來競爭力，更需要重視良好的品格。

而「使命必達，全力以赴」向來是Wilson的寫照。創業以來，他從一開始被上百位客戶拒絕，到為科技公司辦活動時，找到真正的「感動」；還有經歷SARS風暴，從危機變轉機……一路以來的堅持，成就他走出傳統限制，開創出全新的人生。

回想過去，便覺得他與其他公關公司有很大的不同，我很欣賞他事必躬親、認真求好的態度，而且具備現今許多台灣年輕人欠缺的拼鬥精神。在這十年來，我觀察到一個企業家的身量養成，Wilson充滿旺盛的生命鬥志，總是熱情擁抱自己的信念。

Wilson曾經幾次與死亡經歷擦身而過，在走過風風雨雨後，他卻懂得感恩，並且陸續在全台灣收養超過上千條流浪狗。此外更是成立四家分公司，讓員工們有更多獨當一面的舞台。有句話說：「人的盡頭，就是上帝的起頭」，而災難似乎就是經過化妝的祝福。

如同書內提到《哈利波特》作者羅琳在哈佛畢業典禮上的演講，Wilson也如此勉勵員工：「**失敗是人生最珍貴的經驗，可以把自己扒光，認識自己和內在堅強的意志，學到智慧與勇氣。**」這句話更是他一生的寫照與見證。

EQ之父高曼（Daniel Goleman）曾談到「自覺型的領導人」，Wilson就有這種特質。他了解自己的缺點與不足，他寡言，卻也充滿熱情行動力，激發自己和員工一起突破與成長。

大提琴家馬友友曾提到：「熱情是釋放創造力的巨大力量，如果你對某些事物充滿熱情，你會願意多擔些風險。」這些持續在不同領域大放光彩的人，都有一個共通點：不斷探索內心，自問什麼事物是自己鍾愛與充滿熱情的？透過這本書詳實的記錄與分享，可以得到很多幫助。

最後，繼兩年前台灣麵包達人吳寶春之後，Wilson今年也同樣被新加坡國立大學EMBA破格錄取，相信他這次出書，更能激勵年輕學子勇闖人生的未來。

如我所喜歡的美國計算機科學家艾倫・凱（Alan Kay）說的：「預測未來的最好的辦法，就是創造未來。」即便充滿挫敗的可能，只要擁有好品格，你就能像Wilson一樣走出不同的未來，因為我們都是自己未來的創造者。

自序

勇敢打破你以為的理所當然

其實，直到現在依舊有點難以相信，以我一個一無所有的小夥子，一路走來到現在可以擁有這麼多。論資質、論條件、論環境，我都比不上現今絕大部分的年輕人，他們比我幸福，擁有更多我在年輕時無法獲得的東西。

從小媽媽就將我放在奶媽家照顧，我在那裡待到十三歲。那些年只要遇到逢年過節，都是我最害怕的日子。不像很多小朋友滿心歡喜的期待佳節，我卻不是，例如在元宵節街頭，當我看到父母帶著子女開心的提著燈籠，心裡就湧現一股無法訴說的苦，小小的心靈裡也烙下難以抹滅的傷痕。從二十二歲創業直到三十一歲，我成天埋首工作，絲毫沒有任何休閒娛樂，只為了一個「明天會更好」的期許。

在父母無法陪伴我長大的那些歲月裡，即使偶爾不小心走偏，成為許多人心中不愛念書的「壞小孩」，青少年時期甚至跟著同學打架、鬧事，但是，我從來沒有迷失過自己，也一直很清楚自己未來的方向。那些過往的經歷，都是磨練成就今日的我最重要的養分。

非常感謝老天爺願意讓我今天能夠有這樣一番事業。十二年來，有很棒的團隊成員一起打拚、有非常支持我的客戶與夥伴。對於這些，我除了感謝之外，也想將這些年來的一些體悟分享給更多的人，我的用意並不是要所有人都去追逐名利，反而是希望讀者在看完這本書以後，可以深刻體悟到，**任何形式表象上的一切，都需要不同的反思；人們理所當然認為的一切，未來將會越來越不理所當然。**

如同我的故事，跟現在這個世界所認知的完全不同：要有相當的學歷、年紀與環境才能有所成就。事實上，並不是這樣。希望藉由本書出版，能夠讓更多人知道，即使只念到國中畢業、即使沒資金沒人脈，即使來自社會的最底層，只要憑藉著一股不服輸的信念，無論你身在社會的那個角落、做著什麼樣的工作，若是願意回頭看看自身所擁有的，那怕只是一點點，都能夠讓你走出不一樣的人生格局。

最後要特別說明的是，我的例子並非代表著到學校念書不重要，而是希望年輕人能夠更清楚的認知到**學習的重要性，而不是只求考試過關、爭個高分和文憑。**

我過去雖然沒有讓人眼睛一亮的學歷，但多年來對知識的渴望卻從未減少，直到現在，還是每天上網閱讀最新資訊，學習許多前輩管理的思考。先天與後天的不足，砥礪著我要更加努力。今年，我被新加坡國立大學的亞太ＥＭＢＡ破格錄取（成為吳寶春師傅的學弟），也已經於七月完成第一學段的課程。

這一路走來，非常感謝家人給予的支持，尤其是我的舅媽。二〇〇三年創業時，銀行不願意貸款給我這個一看就知道沒有能力還款的年輕人，在所有親友都不看好我的時候，在長庚醫院擔任復健師的舅媽卻不顧親友反對，願意當我的保人，才讓銀行能夠貸款給我，現在想起來，還真不知道當時的她到底何來的勇氣。

我也不辜負她的期許，將一生中最精華的十年青春，拿來打拚，也在社會大學裡學習與圓夢。何其有幸，十多年來累積到許多寶貴的資產，包括經驗、資歷，讓我決定將人生的下半場投入社會公益，希望自己能做更多的回饋。

這本書的版稅比照二十六歲出版的第一本自傳，將它們全數捐給公益團體，表達我的感謝，並期望能夠替更多人盡一份棉薄之力。

第 1 章

學獨立，比學什麼都重要

第一節

媽媽，我想接妳回家

嚴格說起來，我在國小就是個「創業家」了，而且還是個很會賺錢的小孩，這或許跟成長環境有關：在單親家庭長大的我，從小就很獨立，媽媽在二十三歲時、還沒結婚就生下我，而我的爸爸是個有家室的男人，在媽媽懷了我之後，爸爸就因為事業的關係，帶著家人移民巴西了。

為了養我，媽媽當歌手、飄泊海內外四處駐唱賺錢，因為必須到處移動、不方便將孩子帶在身邊，她只好將我送到奶媽家，讓奶媽照顧。還記得，她平均每半年才能過來看我一次，每次她來時看起來都很疲憊，說話聲音也很沙啞，隔天都睡到很晚才起床。

母子聚在一起不容易，所以每一次的分離也很痛苦、難過，每回媽媽要離開的時候，我總是拉住她的衣角，苦苦哀求她「不要走」。在我的心裡，一直有一個很大的空缺和遺憾，渴望媽媽能陪在身邊、看著我長大。

「如果我可以賺很多錢，媽媽就會回家，我們就能住在一起。」渴望親情的小小心靈，逐漸萌生這個想法，也是從那時候，我開始把觀察力放在能賺錢的事情上。

當時，奶媽每天會給我十元零用錢，我除了偶爾拿去打電動，其他的錢全部藏在地毯下面，心裡幻想著：「如果存到了一百個十元，媽媽就可以不用那麼辛苦的出去賺錢了！」

然而光是靠存錢，並不能滿足我想賺錢的欲望。小學五年級時，學校中午都會提供營養午餐，但每天吃相仿的食物，實在讓人乏味，同學們都吃得很膩，很想換點新鮮的東西品嚐看看。

就是這時候，我想到其它的賺錢方法：那時候有一種食物剛從國外引進，麵皮上會放很多種食物，有肉、有海鮮、還有青菜、起司等，這東西叫做「披薩」，當時的消費者覺得這食物的口感很特別！一般的小學生看到這種新奇的食物，只會想著央求爸媽帶他們進去飽餐一頓，我卻想要用它來賺錢。

於是，我一個人搭公車到披薩店，鼓起勇氣向老闆要菜單，回家後再將餐點分類。考慮到小學生的零用錢有限，我剔除價格較高的項目，只留下大家買得起的、較便宜的披薩，再將重新寫好的菜單發給他們點餐。收完錢、下課打電話給老闆，中午再溜到後門拿餐，把餐點發給同學。

那時一個披薩才八十元，我以九十元賣給同學，從中賺取十元差價，生意做得不錯。這檔生意就這樣從國小五年級，一直持續到國中一年級，生意最好時，一個月可以賺三千多元。我會把一部分的錢存起來，另一部分當零用錢，偶爾買巧克力犒賞自己。

雖然過程中，我漸漸的體認到，這樣做並不能和媽媽住在一起，而且小孩子再怎麼會賺錢，金額也很有限，但是，我知道自己至少能讓媽媽不要那麼辛苦。我可以賺自己的零用錢，分擔生活費用——從這個角度思考，賺錢就成為生活中很重要的一部分。

國中一年級時，我又想到新的賺錢方法。當時男生之間風靡一種類似古早「尪仔標」的遊戲，只是以前玩的是圓形的紙牌，而我們玩的是塑膠製的，叫做「尪仔仙」。尪仔仙有半透明和不透明兩種，會因為卡通人物的外形而有各式形狀。

玩法是兩人（或多人）各持一張尪仔仙，輪流用手指彈射，看誰的尪仔仙先疊在對方上面，就可以贏得對方的牌。結果我經常彈輸別人，心有不甘之際就想著，玩輸等於輸錢（因為要花錢買尪仔仙），有沒有辦法扳回一城？

最後我想到去柑仔店批貨，再賣給同學。四處詢問，終於有一家店老闆的小孩告訴我，青年公園附近有人在賣尪仔仙。我批的尪仔仙尺寸有大、有小，材質比較厚、價錢也更貴，比較有錢的同學才買得起，又因為它比較厚，在彈的時候容易疊在別人的牌上面，所以我和同學PK時，開始反敗為勝。另外，還有一種較大的尪仔仙，靠著它就天下無敵。因此，我不但靠賣玩具賺到錢，還贏得更多的尪仔仙。

從這些事蹟可以看得出來：我很早熟，國小時就知道如何從大家熱衷的遊戲中獲利，我也不害怕到市場收集資料，會很積極的找尋買賣管道。若要問為何在小小年紀就敢這麼做？我認為，可能是因為不想依靠任何人，心裡只想著要早點賺錢與獨立吧。

功課鬼混、工作不含混

在學校，我交往的同學也和別人不一樣。因為不愛念書，不會和認真念書的同學成為好朋友，但也不會和特別愛玩、只會混的同學打交道，而是和一群家裡做生意的同學玩在一起。

國二時，一位同學的哥哥在日本料理店工作，剛好店裡在找學徒，於是我開始了白天上學、晚上工作的半工半讀生涯。工作內容包括備菜、洗菜、切菜、擺盤，有時也會和主廚到菜市場買食材。

一個月工作二十天，可以領一萬二千元。對十三歲的學生來說，這是一筆很大的金額，我將錢分成三等份，一份存起來，一份是生活費，另一份再拿來生財。

十三歲的學生如何用錢滾錢呢？我的做法是：把錢借給有急用的同學。例如有些同學想買東西，但這週的零用錢花完了，或者是不夠用，他就會向我借錢，我再算他利息。利息的高低也是看人來收，沒有一定的標準，而借出去的錢，從來都沒有收不回來的經驗，可以說是非常安全又有保障的投資生財之道。那時在同學之間，我的綽號就叫做「好野人」。

我雖然愛賺錢，卻也不是那種愛財如命的人，也可以拿來幫助有需要的同學。國三時，班上有一位成績很好、但家裡很窮的同學，我幫助他的方式比較特別，是個「一石二鳥」的好方法。

青春期的男生食量比較大，經常到第三節課肚子就餓了，但教室和福利社的距離很遠，走路要花上十多分鐘，冬天的風又很冷，有時我發懶不想走那麼遠買東西吃，就請這位家境不好的同學幫忙跑腿、買兩碗熱騰騰的麵，一碗我吃，另一碗當做他的跑腿費，每一次他都非常高興的跑去買。

當時，有一位同學特別愛欺侮他，我見狀也會挺身而出。只是沒想到，在升國三寒假的一個冬夜傍晚，他出車禍過世了。那天很冷，他們家要煮火鍋時，沙茶醬剛好用完了，他騎自行車出門到柑仔店買，卻再也沒有回家。至於那位經常欺負他的同學，在幾個月後因為某種原因被撞成了植物人——或許，這個世界就是有因果和輪迴吧。

第二節

我得把孤獨當朋友，並樂在其中

我的記性很好，到現在還記得四、五歲時，最喜歡做的事情就是從樓梯上滾下來，因為我會痛得放聲大哭，奶媽就會很緊張的跑來抱抱、惜惜。雖然她人很好，但那時她在家裡也有帶其他小朋友，所以沒有辦法專心的只照顧我一個人，我就用這麼激烈的方式，引起她的注意。

上了幼稚園，我還會故意把鞋帶扯掉，或者將胸前的名牌拆掉，讓園長幫我綁上及戴上，她也非常有耐心，從來沒有因此責罵我。

小時候生活經常是孤單的，獨處的時間很長。多數小孩孤單時會找父母和兄弟姐妹玩，但我沒有人可以找，只能一人靜靜的坐在家裡的某個角落、玩著玩具或看故事書。有時候躲到奶媽家頂樓加蓋的曬衣間裡，在自己的小世界裡胡思亂想，偶爾想想爸媽，偶爾想一些鬼點子。待在家裡唯一的娛樂是看電視，但奶媽要求很嚴格，她只准許我們每天看一個電視節目，而且晚上九點半就要準時上床睡覺。

這樣的成長環境，讓我成為一個習慣孤獨的孩子，沒有人天生習慣孤獨，只是逼不得已、被迫如此選擇罷了。幸好在天性上，我一直很正面看待人生，也有一種沒來由的自信，所以不致於因為背景和其他同學不同，而走上偏差的道路。

在當時，單親家庭還算是少數族群，所以我常被歸類為特殊份子，例如：莫名其妙當上「愛心小天使」。午休時，同學們待在教室裡睡覺，我卻被規定要去輔導室報到。

老師對我很好，會輕聲細語的問我：「你最近怎麼樣啊？」我也會因此覺得：「學校對我好好、輔導老師也好好喔！」畢竟其他同學都沒有這些待遇——即使他們總覺得我好可憐，每次都得去輔導室報到，還要被老師特別關切。

為了讓單親小朋友覺得自己其實也很幸福，學校會在假日舉辦一些活動，帶我們去育幼院看孤兒、或是到養老院看老人，有時也會去醫院看植物人。長大後才知道老師想讓我們了解，生長在單親家庭並不可憐，這個世界上還有比你們的處境更值得同情的人。但是在那個年紀，我們並不了解這些，只覺得自己是被重視的、在班上也是個與眾不同的學生。不知道為什麼，我一向就是如此的有自信。

習慣孤獨於是愛上觀察

我也是個想法比較奇怪的人，具有「超級水瓶座」性格，非常的天馬行空、不喜歡服從，也就是很多人說的「天生反骨」。

記得六歲時，奶媽家有一台老式錄放影機，每次播完一卷錄影帶，機體就會變得很燙，若是想看下一部片子，必須先等它冷卻。我研判它可能和人一樣發燒了，需要用冰水冷靜一下，便自作聰明的拿一條毛巾浸泡在冷水裡，再放在錄影機上幫它退燒。想當然，錄影機進水壞掉了，而我的下場是被節儉的奶媽毒打了一頓。

由於在台北上學的課業壓力很大，我在國小三年級之前還有些玩伴，但漸漸的，他們下課開始要去補習班。而我沒去補習，自然是無法和同學們打成一片。

於是每當下課鐘一響，他們衝到操場打籃球，我則是形單影隻的找棵大樹，安靜的坐下來想東想西。想著想著，後來對於老師在課堂上說的每一句話，也會想吐槽，心裡默默思索著挑戰他的方法：「老師說的話真的是對的嗎？事情能不能用別的方式來想呢？」

我就是這樣一個個性古怪、卻對自身觀察力深具信心的小孩，正因為習慣孤獨，所以喜歡坐在一旁安靜的觀察別人，或者去想事情為什麼會是這個樣子。在小學三年級時，**我漸漸的學會接受自己的環境，既然孤獨是常態，與其抱怨，不如接受它、學會和它相處。**

這樣樂觀的個性，讓我不會以痛苦或悲傷的角度看待事情，這在後來的創業過程中，對我有很大的幫助，也讓我知道，孤獨其實是一件很好的事，因為你可以從中學到更多的東西。

> 我漸漸的學會接受自己的環境，既然孤獨是常態，與其抱怨，不如接受它、學會和它相處。

第三節

不想念書，就不要賴在學校裡

學生時代，我認為家裡的環境不好，媽媽工作很辛苦，所以很早就想出社會，早一點賺錢，不想要繼續讀書或升學。

還住在台北的奶媽家時，她的女兒——大學畢業的「阿姨」會逼我念書，她和台灣大多數的父母一樣，認為分數很重要，總是在我耳邊不停的說，一定要好好認真念書，長大後才能找到一份好工作、賺錢孝順媽媽。

在她給的壓力下，我國中有一段時間成績還不錯，考試成績在全班中等以上。但是我心裡非常清楚，自己並不適合讀書。

媽媽在我國小五、六年級時已經定了下來，她和一位一起工作的琴師結婚、定居新竹，我沒有立刻搬過去，只在週末搭公車過去找他們。媽媽養了很多隻狗，我最喜歡跑去找牠們玩。一直等到國二下學期，我才決定搬去和他們住，有部分的原因是想要逃離在台北的課業壓力。

媽媽不太管我，再加上從小沒有住在一起，她其實並不習慣家裡有個孩子，那時又是我的青春叛逆期，和兒時最大的不同是，對媽媽已經沒有那種強烈的情感依賴，加上相處機會不多，難免有磨擦。

琴師的音響工作多半下午才開始忙，所以她和繼父常常直到三更半夜才能回到家，我們的作息完全不同。我早上起床準備上學時，她還在睡覺；放學回家時，她已經出門，幾乎見不到面，我的日子就由自己決定要怎麼過，因此相當的自由。

所以，當我發現自己可以選擇不讀書時，原本頭頂那片灰色天空頓時消失，我也擺脫了以前獨行的個性，交到了很多和我一樣不愛念書的好朋友，整天在外面閒晃、打電動、打球、逛街，有時候還會出去打架鬧事。

國三時，學校依照課業成績能力分班，因為幾乎沒在念書，我自然被分到B段班，分班抽籤時，又抽到B段班中的放牛班，還認識一群玩得比我更兇的同班同學。

國二一天打工十二小時

進入放牛班是我的選擇，所以從來不覺得自卑。

那時候，一位和我很要好的同學家裡是開店的，他爸爸為了讓他幫家裡送貨、批貨、收錢等，很早就教他開車。這個同學有時會偷偷開著家裡的車子，載著大家到處兜風。

對國中生來說，開車兜風是一件非常炫的事。他甚至會偷拿家裡的竹葉青，讓大家品酒，所以我在那個年紀就已經喝過白酒，也學會抽菸，偶爾和同學們相約翹課，到外面的餐廳吃飯。我們認為自己已經做著像大人一樣很成熟的事。

週末的時候，一票人也會四處找地方玩，平時我就很喜歡留意街上的流行訊息，當同學問要去那裡玩時，我會丟出一些新鮮的點子，大家就覺得「哇，好棒啊！」在不知不覺中，我成了「點子王」兼「孩子王」。

當時台灣剛開始流行ＫＴＶ，新竹市區也開了一家，一開始我們連怎麼點歌都不會，但是幾個好朋友在包廂裡一起唱歌的感覺非常有趣。我雖然很少唱歌，但我發現，只要大家玩得開心，我也會覺得很快樂。

因為和同學一起做了很多成人世界的事，所以對我來說，「社會」並不是那麼高不可攀的地方。既然知道自己不適合讀書，所以我在國二下學期就決定放棄聯考、到日本料理店上班，時間是晚上八點到早上八點。雖然因為年輕，晚上工作不覺得辛苦，下班後去上課精神也還算不錯，不太打瞌睡，但是對課業沒放任何心思，大部分的時間不是在發呆、就是在玩。漸漸的，我越來越少去學校。

直到國三時，遇到一位很好的班導師徐榮淙，他教的是理化，雖然那時我很少到學校，和他的接觸也不多，但是他對我的諄諄教誨，卻使我一生受用不盡，到現在都還感念在心。

放牛班的小孩很難教化，尤其正值青春的叛逆期，面對大人說的話，我們會沒有道理的只想反叛。但這個老師和別人不同，並不會對我們說教或威脅、打罵，而是說之以理，因此他也是唯一能治得了我的老師。叛逆的背後，其實是希望大人能尊重我們，他非常明白這一點。

每次同學在校內、校外做壞事，他都會勸說：「你們雖然年輕，但還是要講道理。」有一次我犯了錯，他私下找我面談，語重心長的說：「不是每個放牛班的人都不愛讀書。若是不愛讀書，那是你自己的選擇和成長環境，但不要去影響別人，如果你影響了想讀書升學的同學，我就要你退學。」說完後，他不忘勉勵我，「**不愛念書沒關係，要早一點找到自己未來的方向。**」

我印象最深刻的是，當時他還說：「**不念書，不代表你可以不努力。你們不努力，以後會比別人更好嗎？**」老師的這句話如當頭棒喝。雖然我認為自己並沒有不努力，每天晚上都很認真的在打工，賺取生活費。不過，他確實提醒了我，未來還要再更加努力，才能過著更好的生活。

老師後來還送了我一本由林清玄等合著的《學歷無用，實力至上》，書中有很多人沒有什麼學歷，卻靠著自己的實力，找到一片天的成功故事。我很感謝徐老師，因為他的一番話，改變我當下的很多想法，還讓我在十五歲時，就開始思考很多未來的事。

不想念書就別賴在學校裡

我並不是很壞的學生，只是不愛守規矩、又不愛讀書，但是這在台灣簡直就是犯了滔天大罪。我成績很差，所以國中畢業後很認分的放棄高中聯考，但很疼我的媽媽還是想盡辦法，將我送進一間新竹的私立天主教高中。

上高中後，我很快就交到壞朋友，青春期血氣方剛、很容易衝動，動不動就想找人打架。有一次高年級學長欺侮我們新生，我一氣之下，號召班上幾個不怕死的同學報復，雖然最後不了了之，但是也可以看得出來我的個性很像「大哥」。

談到打架，身上當然要帶「傢伙」壯膽。在看了跳八家將的神明後，我如法炮製，拿鐵鍊綁了一支有刺的鐵鎚，變成自製的流星錘。同學騎著機車載我去打架，快抵達對方的場子時，我就在後座拚命甩流星錘，甩到很累還不敢停下來，因為怕打到自己。現在回想起來，真慶幸當時這根流星錘沒有傷害到任何人。

入學後沒多久我就被退學了，這件事說來也莫名其妙。年輕人都喜歡引人注意，我也不例外。因為一直有收入，我存了一筆錢，上高中時買了一台中古的一百五十C.C.摩托車，請店家加上燈泡和音響，改裝得像舞台一樣炫，然後再騎它上學。為了炫耀這台心愛的寶貝車，我將音響開到最大聲，大剌剌的一路騎到校門口，直到現在，我都還記得教官臉上那副難以置信的表情。開學第一天，我就因為「無照駕駛」和「妨礙校譽」被學校記了兩支大過。

這件事其實是個誤會。因為開學前三天新生說明會時，我沒有認真聽教官講話，只是印象中，模糊的聽到他宣布：「夜間部學生不能騎摩托車，日校生才可以（我讀的是日間部）。」結果當然是我聽顛倒了。後來學校舉辦清潔比賽，老師又誤會我故意弄髒隔壁班的掃地區域，再次被記一支大過。集滿三支，就被退學了。

但如果當時沒有犯下這些「並不算真正壞事的事」、也沒有因此而退學，我接下來的人生不會那麼精彩。感謝高中教官，讓我的生命有了無限寬廣的機會。

不愛念書沒關係，要早一點找到自己未來的方向。

第四節

街頭是青春末路或人生出路？

被退學後，我不想轉校，和媽媽討論後，我決定放棄升學，到社會上闖盪一番。我向來認為不是每個人都需要文憑，反而因為自己很早就出社會的緣故，覺得一個人若是缺乏社會歷練，就不算一個完整的人。

自此，我成為真正的社會新鮮人。因為沒有文憑加上還沒當兵，只能四處打工。我做過很多工作，包括派報、送貨、擺地攤、到工地搬磚頭、到殯儀館洗屍體、收屍等，做這些事情，不只是為了賺錢，更因為想要體驗人生，希望透過親自參與，了解不同行業的辛苦及箇中滋味。

我同時做很多份工作，一天工作十六個小時是家常便飯。派報是從國中時就做的工作，駕輕就熟；同學家賣雜貨，人手不夠也會找我幫忙送貨；在工地搬磚塊，我在下面拋，上面有人接。工地工作很危險，又因為年紀還小，屬於違法行為，只做了三個月。

最特別的經歷是：到朋友家開的葬儀社打工收屍體。有天晚上接到電話，說發現一個男人遇害，屍體被丟棄在荒郊野外，而兇手為了毀屍滅跡，放了把火、把屍體燒了。於是，我和另外兩位朋友，一共三個男人開了一台車往山裡走，到了現場，看到死者全身被燒得焦黑、身體僵硬，很多蛆在他身上鑽動。我們的任務就是將他抬到車上，再開回殯儀館停放。

偶爾朋友也會找我去洗屍體，洗一具可以賺幾千元，收入非常好。我曾看過朋友的媽媽，仔細的將一個身體因為車禍而斷成好幾塊的人，一個部位、一個部位的縫合。我面對屍體並不害怕，只覺得新鮮。這份工作的報酬雖然不錯，但需要很強的機動性，畢竟我們不會事先知道何時、何地有人死去，後來因為有了固定的工作，就沒有再去幫忙了。

擺地攤學會批貨，學會觀察臉色

所有工作裡，擺地攤才是我的主要收入來源。奶媽家附近的華中橋下有個果菜市場，每天下午四點，我會在其中一處騎樓擺攤。旁邊剛好有一排公車站，人潮很多，我會一直賣到晚上八點才收攤。

原本只是幫朋友哥哥的忙，後來對方看我很認真，便大方的告訴我如何批貨及找地點。一開始我也不知道什麼東西賣得好，為了測試市場反應，所以什麼貨都少量進一點，包括玩具、家用品、藥膏，茶葉等，喝的、用的、玩的，一應俱全，之後再去分辨哪些東西賣得好、酌量多進一些。後來發現，賣得最好的是拍打身體、抓癢的工具，以及藥品等家用品。

擺地攤是血淋淋的戰場，也是訓練口才及觀察人們臉上表情的最佳場所。從小我就很喜歡觀察別人，也很會看人的臉色說話。在市場附近買東西的大多是婆婆媽媽們，她們看到我小小年紀就在擺攤，經常會好奇的問：「你怎麼這麼年輕就在擺地攤？沒有去學校念書？」這個時候，我就會順著她們的話回答：「因為家裡很窮，要靠我養家。」她們聽到這番話，往往會升起憐憫之心，不但會多買一些東西，也比較不會殺價。

我也遇過一直殺價的客人。心情不好的時候，我會堅持不賣，現在想想，覺得那時的堅持其實不對，應該要用交朋友的心態來做買賣。

在街頭打混，讓我學會一套求生本領，因此可以說我是「社會大學」畢業的。由於我不排斥接觸新事物，所以那一年多的歲月，只要是能做的工作，我都會去試，一口氣打了好幾份工，每個月約可以賺三萬多元，以那個年紀來說，算是相當不錯的收入了。

第五節
我在巴西死過一次

在那個年代，媽媽願意在二十三歲時未婚生下我，實在是很有勇氣的一件事。因為爸爸是有婦之夫，我從小不知道自己的爸爸是誰，每次問大人，他們都騙說：「你爸爸在你很小的時候就生病過世了。」一直到升上國中一年級，媽媽才告訴我爸爸的事。

她說，爸爸是個珠寶商人，在我出生前就移民巴西，在當地經營很多事業，是個成功的企業主。而爸爸一直知道我的存在，也會默默的關心我，他曾經在我讀小學時寫信給媽媽，希望我能夠去巴西跟他住在一起。但媽媽希望我留在台灣，所以這件事就此作罷。

高中被退學後，到巴西的機會又出現了。相較於之前只是來信詢問，這一次爸爸親自來台灣接我過去。他先寫一封信給我，希望我可以先去那裡住一段時間，如果喜歡環境再做決定。我可以選擇歸化巴西國籍，而且如果和他同住，他也願意栽培我，讓我到美國念寶石學院，考國際鑽石鑑定師（GIA）執照，以後就可以繼承他的珠寶事業。

那時我在社會大學討生活，過著四處打工的生活。他的出現讓我看見另一個奇異的新世界，那裡五花八門、萬分精彩，還有很多我不知道的事情，等待著我去挖掘。年輕的我，被他的一番話說服，回信答應了他。

不久之後，爸爸就來台灣接我了。面對有著血緣關係的爸爸，我心裡的感受卻是陌生的，幸好他很會交際，彼此的距離才拉近了一些。但是，在即將飛往巴西的那一天，我反悔而躲了起來，讓他非常生氣的一個人回巴西。

畢竟是父子吧，隔一年，爸爸又寫信詢問我意願。這一次我想清楚了：「我要去。」這趟旅程只有我一個人飛行，拿到前往巴西的單程機票時，我的內心因為不知道即將面對怎樣的未來，而感到雀躍又不安。

搭飛機，是我面對的第一個考驗。拿到機票才知道這趟旅行要轉三次班機，飛行時間長達三十多個小時，吃了五頓餐。記憶猶新的是，那時的飛機是人工操作，機艙後面還可以抽煙——所有的一切，對我來說都非常新鮮。

快樂的巴西求學

抵達巴西後，一切從頭開始。爸爸在當地已經娶妻生子，我和同父異母的兄弟姐妹共七個人一起生活。他先送我到公立學校念書、學習葡萄牙文，因為當地人熱情又親切，短短半年時間，我就學會簡單的句子，一年後已經可以和巴西人聊天，還會說些日常生活常用的俚語。

巴西的學風自由，老師的教法很開放，他們和台灣填鴨式教育截然不同，不是那麼在意成績，反而更在意學生是否能夠發揮天賦。在這裡念書，我如魚得水，從原本的「壞學生」搖身一變成為「好學生」，歷史、地理等文科仍是弱項，但數學、美術、體育表現優異。

我的同學來自至少八個國家，包括美國、法國、德國、泰國、日本、韓國，因為多數人不知道台灣在那裡，所以大家都叫我「中國人」。我和他們相處得很開心，可以說是目前為止最快樂的求學生涯。

巴西的學校平常只上半天課，中午放學，還常因下大雨或其它原因，宣布停課一天。所以我有很多課餘時間，幫忙爸爸照顧他在當地新開的釣魚場。在念了一年半的高中課程之後，我就正式到釣魚場工作，幫忙秤魚、養馬，和釣客聊天等。

從小沒有什麼機會和爸爸相處，在巴西一起生活後，開始比較了解他的個性。他極為節儉，有一回我們一起搭飛機，空服員會發給每人一包小點心和飲料。我是個很愛分享的人，不想吃，就把零食送給坐在隔壁的外國人，爸爸看到後很生氣的搶過去，放進自己的包包裡，罵道：「東西好好的，幹嘛送給別人？你現在不吃，可以帶回家以後再吃。」

後來聽舅公說，爸爸從以前的個性就是這個樣子，曾經他不小心掉了一塊錢，銅板滾進人行道的臭水溝裡，他會蹲在路邊想盡辦法撬開水溝蓋，將手伸進去，把一塊錢從水溝裡撈出來。還有一次他搭公車忘了帶零錢，身上只有五十元鈔票，他會一一詢問車上的乘客，直到換到零錢為止，絕不多付一塊錢。

如此錙銖必較的個性用在商場上，讓他做生意時必定和對方把帳算得一清二楚，分毫不差。他的個性也比較強勢，只要是自己認同的事情，完全不容許別人去改變。在他的莊園裡，他就是唯一的國王。

我的個性比較像媽媽：隨和、大方，我和家裡的巴西工人，包括煮飯的、掃地的、養馬的，相處都很融洽。巴西人很天真善良，我常和他們聊天，有時送他們一根台灣香菸，他們就像得到一份很棒的禮物一樣樂不可支。為了表達感謝，他們有時也會回敬我巴西盛產的啤酒。工作空閒時，我們一邊喝酒、抽菸、一邊聊天，感情在不知不覺中越來越深厚，我的巴西話（葡萄牙語為主）就是在這種交流中進步神速，並學會不少當地俚語。

差點命喪槍下，害我的人竟然是繼母

爸爸在巴西經商成功，我們住在莊園裡，這裡自成一個小小的天地。儘管和爸爸朝夕相處，在觀念上我們有很多不一致的地方，但在生活和工作方面，卻不至於有太大的摩擦，直到發生了搶劫事件。

在巴西的生活，讓我體驗了前所未有的自在及快活。對巴西有點了解的人都知道，這是一個很神奇的國度，她有很富饒的一面，蘊含各種礦產、物產豐饒、盛產各式蔬果。

富裕人家的盤子上，總是盛著山珍海味；然而在同一座城市裡，卻也有全世界最窮的貧民窟。這裡社會貧富懸殊，治安又差，經常可以看見有人被殺死在路邊，走一趟就會讓你體會生命無常。

我們住在豪宅莊園，自然成為歹徒覬覦的對象。

有天下午，我躺在家裡的沙發上休息，忽然間聽到吵吵鬧鬧的聲音。下一秒，客廳走進一幫搶匪，他們持槍指著爸爸，看到我時，問道：「你是不是老闆的兒子Wilson？」我還搞不清楚發生什麼事，便點頭回答：「是。」下一秒那把指著爸爸腦勺的槍，立刻轉向我的腦袋。搶匪再次兇狠的問：「家裡的錢在哪裡？」

我根本就不可能知道家裡的錢放在哪裡。平時和我關係很不錯的巴西工人，開口告訴槍匪：「老闆才會知道錢放在哪裡，他是小孩子怎麼可能會知道？」因為這句話，我才逃過一劫。

有人說，「人在死前，過往的影像會浮現眼前」——這是真的。被槍抵著腦袋時，我的腦海出現以前的種種畫面，那時候不只是嚇呆了，心中還有一個念頭：「會不會我的一生就要這樣莫名其妙的結束了？」

後來才知道，搶匪會來找我問錢的下落，是因為繼母的關係。她告訴搶匪，只有Wilson才知道錢放在哪裡。

這件事情，是問了幾位在場的巴西工人後得到的答案，得知真相後，我簡直無法置信。這對我來說不啻是很嚴重的打擊：最親近的家人竟然如此對待我，難道因為我是別的女人生的小孩，就應該當爸爸的替死鬼嗎？從小我已經訓練自己成為一個很堅強的人，但當下內心真的很痛苦，甚至有點想要尋死。

明白自己在他們心中的地位後，我非常難過，決定離開巴西這個傷心地。於是，我在沒有向父親、繼母和兄弟姐妹攤牌和打聲招呼的情況下，決定先離家出走，轉而投靠一位開計程車維生、住在貧民窟的巴西朋友。

從莊園到貧民窟，體驗最底層生活的殘酷

由於我的護照在爸爸手上，只好重新再辦一張。無奈台灣和巴西沒邦交，所以我只能到台灣辦事處申請遺失補發，這需要花一些時間。在身上沒有錢的情況下，我只能打電話回台灣向媽媽求救，她知道後很著急，叫我不要擔心，她會想辦法幫我買到機票。

等待護照和機票的這段時間，我借住在朋友家，還要想辦法自己生活下去。幸好小時候很獨立，對這樣的生活也不陌生。

每天跟著巴西朋友的家人一起吃飯、生活，生長在台灣的人一定很難想像，全家人一個月只靠一百元美金，到底要如何過活？他們吃的都是很簡單的食物，當地人常吃一種豆子加生菜，好一點的時候有肉——這樣就是一頓飯，餐餐如此。

睡覺時，全家人窩在幾坪大的空間裡一起睡，深夜裡，貧民窟的某個街頭角落還會傳來槍響。這是個很不平靜的住處，我還在哪裡遇到生平第一次的撞鬼經歷。

我一個人睡在朋友家二樓的房間，那裡什麼都沒有，將就著在地上鋪塊布而

眠，房間裡的燈泡是那種很亮的黃燈。有一天睡到半夜時，忽然燈亮了，我在半夢半醒之間想著：難道是我忘了關燈？不可能啊！還是外面的人開的燈？但是開關明明就在房間裡啊！

此時，我感覺到有一隻手，正摸著我的頭髮。我很鐵齒，覺得這只是錯覺，起身關燈後又繼續躺下來睡。結果過沒多久，又有人在摸我的頭髮。這時候我開始覺得不對勁了，就用葡萄牙語對那個人說：「我只是來借住，沒有要打擾你的意思，如果你不希望我在這裡睡覺，我現在就走。」

話說完，燈就亮了，我知道他在趕我走，於是起身走出房門，那盞燈也在我離開後立刻熄滅。隔天早晨問了朋友，他才告訴我，那個房間原本是他弟弟的，他是個警察，不久前才被人打死在房間裡。

等待護照的日子畢竟是漫長的，根本不知道何時會拿到。住在貧民窟的兩個月，我有時會搭著巴士到別的城市去玩，四處拜訪朋友，但同時心中又很焦急，害怕爸爸和繼母會找到我。我心裡揣測著，如果被他們找到，該怎麼辦？他們連我的命都可以犧牲，我根本不可能再回去那個莊園，甚至連他們的臉都不想見。

放下芥蒂，邀請爸爸來台參加婚禮

十八歲時，面對親情、命運等無法操控在自己手中的事，我只感受到一股愛恨糾葛的複雜情緒。這也是第一次覺得，我的未來不操控在自己手中，那種無助感，沒有親身經歷的人，很難體會那種痛。

最後，我終於在兩個月之後拿到了新的護照，媽媽也匯錢給一家台灣人在巴西開的旅行社，替我買好了機票。此時爸爸依然四處打聽我的消息，由於他在當地政商人脈關係不錯，又經常在世界各國飛行，而旅行社老闆和他交好，在知道我的行程後，自然會通知他。

我已經料到，爸爸最後還是會知道我的班機。返台的那天，我一到機場，果真看到爸爸帶著弟弟，兩人站在航空公司櫃台等我。見面後，我一聲「爸爸」都沒有叫，只和上前打聲招呼的弟弟簡單說了幾句話，就頭也不回的走進海關。

我當時下定決心再也不要回去，也不想和他們聯絡，直到二〇一四年五月結婚，邀請爸爸來台北參加婚禮，父子倆才再度見面。離上回巴西一別，已經是十幾年前的事了，他知道我對那件事心有芥蒂，也不知該如何解釋，畢竟事情已經發生，再多的解釋都沒有用。

婚禮上，爸爸坐在主桌，開心的替我即將開啟的新人生道賀。或許是對我有很多的歉意，他包了一個很大的紅包給我，我收下後，把它捐給了慈善機構。

現在，我們的關係還不錯，平時相隔兩地，要說有很多互動，也是不可能的事。在心裡是否原諒了他，我也不知道，只知道隨著年紀漸長，很多事情的感受正慢慢淡化，畢竟他是生我的父親，即使沒有養我，我們的血脈還是相連。看到他的白髮越來越多，我的態度也越來越淡然。

如今我不恨他，親情畢竟是親情，我不希望一輩子抱著埋怨他的心情過日子。

第六節

從小就自己處理一切，包括情緒

人的生命相當脆弱，可能在某個不經意的瞬間就消逝了。對於這件事情，我比任何人都有更深刻的體悟。因為在十九歲前，我有兩度與死神擦身而過的經驗。

第一次瀕臨死亡的經驗發生在九歲的時候，有一天我騎著腳踏車出門，經過一個路口，正要左轉時，看到路邊有一隻很可愛的流浪狗，牠怯生生的站在那裡。我本來就很喜歡狗，於是在好奇心的驅使下，我停下腳踏車看了牠一眼。

不過幾秒鐘的時間，就在我準備繼續往前騎時，忽然間一台砂石車從身旁呼嘯而過，司機開車的速度很快，大約時速八十公里。那台砂石車非常靠近我，車身的某個勾環擦過我的手臂，差一點就勾住衣服，幸好我命很大，只受了一點小擦傷。

事情發生得很快，在那一瞬間我嚇傻了，整個人就像被釘子釘死在現場般，無法動彈。小小腦袋裡同時閃過一件事，我可能在上一秒就被卡車撞死，而那條狗是我的救命恩人。

那時住在奶媽家，雖然受到驚嚇，但個性堅強、獨立的我，回家後並沒有向任何人提起這件事。**我早已習慣處理自己的每一種情緒，不論它是快樂的，還是悲傷的。**這件事情，到目前為止，沒有對任何人提起過，只是將它放在心裡，當做是過往的一段遭遇。也就是在那個時候，我發現自己是個獨立的小大人。

第二次接近死亡，是在巴西被搶匪拿槍抵著腦袋時。在巴西待了一年七、八個月，再次一個人搭上飛機，展開三十多個小時的旅程。一路上，想著媽媽和過去種種回憶，有一種期待回家的喜悅；但同時間，又夾雜著從小爸爸不在我身邊，好不容易和他團聚，卻在生死關頭被他出賣的失落情緒。這兩種心情在心中來回反覆讓我遲遲無法入睡。

我在飛機上望著窗外，不停計算還要多久才能回到台灣。當飛機終於降落在桃園中正機場的那一刻，我迫不急待要衝下飛機。出了海關，看到來接我的媽媽和繼父時，我早已熱淚盈眶，卻又強忍淚水，和他們彼此擁抱著，回到了新竹家中。

走過憂鬱症幽谷

回家沒多久，兵單就來了，抽籤抽到了海巡兵。從小我的氣管就不是很好，部隊基地就在海邊，海風大，身體無法適應，再加上在巴西受到的驚嚇還沒有完全平復，在內外交攻的環境下，我得了氣管炎。

那時經常咳嗽，最後嚴重到早晚都在咳，連一頓安穩的覺都睡不好。剛開始，醫官拿藥給我吃，吃到最重的藥，卻也不見好轉，又因為是菜鳥，身體不舒服也不敢向長官報告。直到有一天休假，才自己跑去三軍總醫院看病。

醫生檢查我的身體後說我太晚才來看病，氣管炎已經咳到變成嚴重的肺炎，如果不馬上治療就會死，他要求我立刻辦理住院手續。住院後，才發現病房裡的人都生著各種奇怪的病，例如一位同房的阿兵哥，他不知道得到什麼病，醫生怎麼檢查都找不到病因，他年紀輕輕就無法坐起身來，只能臥床不起。

在病房裡治療已經很不舒服，又不時聽到其他病人痛苦的哀嚎聲。由於病痛纏身，加上對肺炎感到恐懼，導致自己非常的悲觀，不時會想著：「如果一直待在這個地方，會不會就這樣死掉？」

在醫院住了一個月後終於出院，但是回到了部隊，心情依舊非常低落。白天的操練讓肉體疲憊，我躺在床上卻無法入睡，即使好不容易終於睡著，也會不斷被惡夢驚醒，一個晚上最多會醒來七、八次。

再一次到醫院求診，醫生聽完我的狀況後，說：「你得了嚴重的精神官能症，也就是俗稱的『憂鬱症』。」他開了一些抗憂鬱的藥給我，吃了一陣子，又經過兩、三位醫生的會診，他們認為，以我的病情不適合再待在軍中服役，決定幫我辦理停役手續。其實，我非常想要完成一個男人應當要受的訓練，但當時的身體情況卻是不被允許的，只好收拾行李返家。

生病及住院期間，我都沒有告訴媽媽，也沒有讓她來醫院照顧我。從小習慣了一個人處理所有事，即使覺得生病即將死去，腦海也沒浮現出「打電話回家找媽媽」的想法。我一個人住院、出院、面對死亡幽谷，一個人安然自得的面對所有事情。

年紀輕輕時就有瀕臨死亡的經歷，所以我在二十歲以前就體悟到，雖然我們不知道活著會發生什麼事情，還是能盡心盡力的過好每一天，讓自己過著無怨無悔的人生。我想，老天爺的安排讓我在每一次的死神關口都能活下來。祂是要讓我做更多的事、幫助更多的人，人生才能活得更有意義。

我早已習慣處理自己的每一種情緒，不論它是快樂的，還是悲傷的。

第 2 章

為一戰成名，你得投入

第一節

用四分之一時間學會相同的事

提前退伍後，我在家偶爾會幫幫繼父的忙。他是一位琴師，在那卡西流行的年代，琴師是很賺錢的行業，他也開班授課，一個月的收入約十幾萬元。在我國中時，家中經濟狀況不錯，繼父還買了一輛中古賓士車代步，這種車是很多台灣男人心中的夢想。

幾年後，家庭式電腦伴唱機、卡拉ＯＫ興起，酒吧不太需要琴師伴奏，琴師也就紛紛失業了。繼父看準當時新竹很少有人做燈光音響，於是賣掉賓士車，再加上以前的積蓄，投資幾百萬元買了一套最新、最齊全的燈光音響設備。多年當琴師培養的人脈、音感和現場反應，讓他很快摸熟燈光音響行業的遊戲規則，公司一成立就接到很多活動。

過去，公司若要辦一場活動，例如尾牙或晚宴，只要有燈光音響、加上一位口條和台風好的主持人就可以。客人來我們家裡租燈光音響時，我們會主動詢問是否需要代找藝人主持現場活動。

媽媽曾在酒吧當歌手，和不少藝人熟悉，所以一旦公司行號有需求，她可以協助聯絡藝人。這些藝人和媽媽交情好，對主持費也不計較，會以低於一般市場行情很多的「友情價」幫忙，家裡的經濟狀況隨著接到越來越多活動，慢慢恢復以前的水準。

繼父的生意很好，他和媽媽每天都忙到很晚才回家，我覺得自己整天待在家裡無所事事也不是辦法，再加上又是男孩子，多少應該幫家裡的忙，便慢慢開始接觸燈光音響的工作。漸漸的，對這份工作也越來越投入，在二十歲那一年正式入行。

所謂「正式入行」指的是，之前我以休養身體、休息的心態與打工的方式來幫忙，因此大多是做些簡單的打雜、搬東西等工作；入行後，我開始認真的投入學習，繼父也請了一位資深的老師傅教我安裝音響。

跟在老師傅身邊一年，我學會安裝和操作音響，以及所有的相關問題排除等。這份工作很辛苦，每當要舉辦活動時，我們就在大馬路旁搭建鷹架、安裝麥克風、喇叭、音響等。碰到大熱天，就曝曬在大太陽底下，光著膀子、汗流浹背的裝線、試音，同事們全是吃檳榔、抽菸、滿口髒話的底層勞工。

師傅用他的方法教了我一年，才讓我學會所有的工作。學成後我告訴他：「你花一年教我的東西，我花三個月就可以教會給別人。」師傅不服氣的罵我，但我說的是事實。

做事講究技巧，發小傳單也研究竅門

音響工程講究的是技巧，像是師傅教我如何開關，其實只要用錄影的方式來說明即可，障礙排除等技巧也只要用說明書就可以解決，我缺的只是經驗而已。

從小，我做事情就會講求方法和效率。國中時，週末和同學到校外打工，做簡單的派發廣告傳單工作。有些同學為了快一點發完傳單，會在同一個信箱內塞好幾張，有些更偷懶的還會將整份傳單扔掉。我的個性比較按部就班，該怎麼做就怎麼做，而且做的過程中會找到一套做事的技巧。**找到技巧並不難，只要一個人能夠專**

注的去做一件事，就會找到好方法。

有時候，公司要求我們把傳單發給開車的駕駛，等紅燈時，再穿梭於車陣一張張發出去。但是一般的駕駛不太會特意搖下窗戶拿傳單，發了一、兩次後，我觀察到只要前面有一個駕駛拿了傳單，後面的人就會跟著拿。但假如第一輛車就拒絕，後面的傳單也發不出去。

此外，開卡車和貨車的司機比較會拿傳單，可能是知道大家都是辛苦的出賣勞力，所以比較有同理心。當車子停下來後，如果第三輛車才是卡車，我便從第三輛開始發，後面的駕駛也就會跟著拿傳單。這個技巧屢試不爽，加上我的態度很好，只要司機拿了傳單，都會向他們鞠躬說聲「謝謝」，所以我的傳單往往很快發完。

當音響工人後，我將這套做事邏輯用在上面，很快就學會所有的專業技術，當時的我並沒想到，這項能力在日後會成為我事業裡最堅強的後盾，而且還因此躲過一場危機、更替事業賺進第一桶金。

我的個性比較按部就班，該怎麼做就怎麼做，而且做的過程中會找到一套做事的技巧。找到技巧並不難，只要一個人能夠專注的去做一件事，就會找到好方法。

第二節

做事心態像老闆，你會當老闆

無論做什麼工作，我一直有一個習慣：把自己當成老闆。**只要能把自己當成老闆，表現出來的工作態度和精神就會不一樣。**

我十三歲在日本料理店當學徒時，很多同事只將它當成一份賺取薪水的工作，能摸魚就摸魚，下班時間一到，馬上打卡走人。我經常是最晚下班的，並不是因為特別努力，只是在做每一份工作時，會很用心的想很多事。

我從不認為自己只是個端盤子的服務生。我希望客人來店裡用餐時是開心的，所以送菜上桌時，會主動和他們互動。早期的餐廳上菜沒有標準作業流程，一般服務生端著大盤或很燙的鐵盤時，頂多喊一聲「燒喔！」上完菜就走。我則會視上菜時的情況，改變說話的內容。

例如某一桌有小朋友用餐，我就會把餐盤放在遠離小朋友的地方，並請父母留意；若是一位小姐點火鍋，我端著熱滾滾的火鍋來到桌前時，會請她離火鍋遠一點，因為鍋料需要時間烹煮，滾燙的水可能因此濺出。請對方小心時，再順便和客人多聊幾句，若是這位小姐身上戴的項鍊很漂亮，我還會狗腿的誇獎：「妳的項鍊好漂亮喔！」

我把自己當成是這間餐廳的「老闆」，既然是老闆，當然要和客人培養出良好的互動關係。因為意識到自己其實可以做更多的事情，所以我會認真用心的觀察，看看身邊有那些事情可以讓工作做得完美。

很多同事不認同我的做法，有些人還會私下勸說：「你又不是老闆，何必和客人打好關係？就算他們下次願意再來吃飯，老闆也不會加你薪水。」但後來證明我的想法是對的，客人對我的印象都很好，我也是最常被誇獎的服務生。

我也很會觀察客人用餐時的狀況。有一次幫了一位客人的忙，拿到有史以來最多的小費。那天一位老闆來餐廳應酬，吃飯時很多人輪流向他敬酒，我在上菜時發現他越喝越多，幾輪下來臉漸漸漲紅，狀況很不好，再喝下去很有可能會醉倒。

趁著幫他補酒時，我偷偷的將威士忌改成烏龍茶，還故意停留在他身邊，幫他倒完那杯公杯。途中，他起身到廁所小解，因酒喝得太多，走路不太穩，我怕他跌倒，於是跟在他後面。沒想到他從口袋掏出一疊一百元，總共拿了五百元給我，還對我說一聲「謝謝」。收到小費當然很開心，但我最高興的是，自己的服務獲得客人的認可。

在繼父的燈光音響公司工作時，我也是抱著這樣心態在做事，不認為自己只是做燈光音響就好，我還有很多的可能。

繼父的公司有很多音響工人，部分工人很喜歡偷懶，反正每天的工錢都一樣，並不會因為多做一件事而多領一分錢，這樣的心態，其實就是「少搬一顆音響，我就賺到了」。

比方說，他們到現場接音響線，只管把線接上，不管路人走過會不會不小心被線絆倒；搭鷹架，只要風吹不會倒就好。這種隨便的心態，讓我很受不了，我會考慮音響要怎樣搬運才不會撞到、怎樣接線別人才不會不小心踢到。

要求完美的「百分之十哲學」

我的個性很好強，做事情一定要做到最完美。出師後帶領這群工人做事，為了以身作則，讓他們對我心服口服，我會鼓起比他們更多的勇氣。

像是我覺得燈光要架在更高的地方，打起燈來才會比較好看，他們會說：「不可能爬到那麼高啦！」此時我就會自己爬上四、五層樓的高度，架給他們看，讓他們服氣。

當時接活動，經常是公關公司的下游廠商來活動現場，照理說我們只要將燈光音響工作做好即可，但我總是很雞婆的在現場四處巡邏，監督別人的工作是不是有做好。我會注意舞台上的字是不是歪了（早期是用厚的保麗龍板割字，再貼在舞台的布簾上）？如果不正，就過去把它貼好；場內的花和氣球等布置，是不是有擺好？也會留意如特效等其他公司的硬體，是不是有需要調整的地方？就像把這裡當成是自己負責的場地般的付出關心。

那時候還年輕，講事情很直接、也不太看場合，有時負責活動的公關公司專案人員身邊就站著客戶，常常因此讓他們難堪。有時我指正他們，自己也會被罵，對方會說「不關你的事」、「你管那麼多幹嘛」，覺得我在找碴，當然也有人會和我說「謝謝」。

想要把事情做好，不妨換角度思考：究竟我們是「把自己當成百分之一百裡面的百分之十，把這百分之十做完就好」？還是「做著我的百分之十，往百分之一百邁進」？差別就在這裡。

做任何事情都要朝百分之一百全力以赴，**不能只做到百分之十的完美，也不能只求管好自己的事**。現在我自己當了老闆，經常告訴員工這個觀念，它代表的是對工作更用心、更願意負責任的態度。

有些員工在公司工作幾年後，會希望升遷為主管，我會期待他們要先有主管的樣子與作為，或許有人會認為：「不要，我要等到當上主管後，再像個主管。」這是不可能的事。**在老闆眼中，員工能否升遷，端看他在當下屬時的做事心態，以及他用什麼樣的心情面對自己**。

我建議想創業的年輕人，就算你還沒有成為老闆，仍可以像個「老闆」，把每一次的經歷、每一件職場上發生的事，都當成是個契機、用心學習，你就能從中獲得寶貴經驗，機會也自然會找上你。

在當燈光音響工人的時候，我就已經決定未來要轉做活動公關，因為我從來不將自己當成燈光音響工人，我認為自己可以做更多事情。

有些員工在公司工作幾年後，會希望升遷為主管，我會期待他們要先有主管的樣子與作為。在老闆眼中，員工能否升遷，端看他在當下屬時的做事心態，以及他用什麼樣的心情面對自己。

第三節

創業常是困境所逼

回到繼父的飛虹燈光音響工作不過短短幾年，就見證了這個產業的幾次轉型。首先是入行之初，客戶會請燈光音響工程接下案子，由我們負責尾牙等活動，此時公司的尾牙都是很簡單的活動，不需要太多專業。

後來市場上出現「傳播公司」，他們向公司統包軟體硬體和活動規劃活動，我們就變成傳播公司的下游合作供應商。再後來，有一些行業因為經營得不是很好，包括賣輪胎的、搭帳棚的、刷油漆的……原本與這個行業完全無關的人，都以為燈光音響工程很好賺而紛紛投入，市場因此變得紛亂，大家開始殺價、比誰的價錢更低，頓時成為一片紅海。如此一來，家裡的生意開始走下坡，甚至面臨沒案子可接的困境。

那時的狀況相當慘烈。面對這個比低價的殺戮戰場，我心裡想著，不如自己來開一家活動公關公司，自己接活動、自己做，這樣家裡就不會接不到生意，也不用陷入低價的壓力了。

剛開始只是抱著這個念頭而決定創業，媽媽知道我的想法後，不是很支持。她認為跳出來做，等於是和原本的客戶搶案子，家裡會因此陷入更深的困境。媽媽向來是我的反指標，從叛逆期我就和她唱反調，她說東，我一定往西。她反對，我就堅持一定要創業，她拿我也沒輒。後來，反而是客戶沒有反彈，因為他們根本不認為我做得起來。

確定創業後，由於身上沒有太多現金，我想到新竹國際商銀辦理個人信貸，在沒得到媽媽和繼父的認可下，只有舅舅和舅媽支持我。舅媽在長庚當復健師，銀行要求提供保人時，就由舅媽出面作保，才順利貸到五十萬元。

那一年是二〇〇二年，我二十二歲，「飛虹國際整合行銷公關顧問有限公司」仍在申請執照。公司剛成立時只有三個員工，我負責業務，另一位是行政兼財務，還有一位是工讀生。我們在創業前，曾在竹科的一棟大樓工作過，之後就近在那裡租了一間不到五坪大的辦公室，當成事業的起點。

視野拉高　經營格局自動放大

試想：一個才二十二歲的男孩子，會有多大的野心和抱負？創業時看似沒有思考很多，但其實為了這一天，我已經準備很久了。時間要追溯到童年為了和媽媽在一起生活，小學五年級就開始自立自強打工開始，後來，晚上去日本料理店打工、擺過地攤、送貨、到工地當工人、到巴西和爸爸生活在一起，幫他管理釣魚場……這些經歷都在無形中，幫助我拓展事業的視野。

到巴西後，發現這個世界非常的大，光是從台灣搭飛機到南美洲，就要花三十個小時的旅程，更不用說這個世界有多麼的寬廣，我在這裡看到和台灣非常不一樣的生活方式。

而經商成功的爸爸，往來的對象都是有頭有臉的人物。巴西有錢人的生活非常優渥，家裡有好幾個佣人，在那裡一年多，我體會到這個世界有太多讓你意想不到的事情。因此在看事情時，眼界不能小，要用更開闊的胸襟去面對。

替公司取名字時，我沿用了繼父的公司名「飛虹」，再加入自己對世界的感覺，取名為「飛虹國際整合行銷公關顧問有限公司」。

別小看這十六個字，它代表了我對自己的期待，一開始就要做到「國際化」，要用放眼全世界的格局來拚事業。曾經有一家公司員工問我：「為什麼我在網路上輸入每一個跟行銷或公關產業相關的關鍵字，都會出現飛虹？」

這便是當初替公司命名時放入的小小心機。彼時網路方興未艾，「YAHOO!奇摩」還沒有關鍵字廣告，所以我在公司名稱裡放進所有的名詞，包括：整合行銷、公關公司、顧問公司、行銷公司，它們可以排列組合，任何人只要在網路上搜尋這些關鍵字，飛虹通常是第一家跳出來的公司，客戶就會主動和我們聯絡。

迄今為止，成立十二年，這個名字依然非常貼切。而在幾年後我們也真的國際化，赴中國大陸辦活動。

年輕人若想創業，不能只將視野放在台灣，若是如此，經營二、三年後就會遇到瓶頸，倘若無法突破，就很有可能失敗。若能將自己的格局及視野拉高一點，在過程中就會隨時學習、不斷鞭策自己要更加努力。

這件事情非常重要。假設今天你想開一間咖啡館，如果只開在台灣，店名可以取得很台味，如「真好呷」；若將視野放在兩岸，就要取一個兩岸都能明瞭的名字；但如果希望這間店未來能開到第三個國家，就要取一個中英文兼具的名字。

一開始就將視野放得更高一點，經營時的想法也會不一樣，就能帶領公司走向不同的方向和格局。

這個世界有太多讓你意想不到的事情。因此在看事情時，眼界不能小，要用更開闊的胸襟去面對世界。

第四節
基本功：被拒絕和做小事

勤跑客戶就是做業務的不二法門，成立公司後，我很勤奮的跑客戶。因為公司設在竹科，就以竹科為主拜訪客戶，並且想盡辦法了解「做活動」這個市場。

第一個月，我很有計畫的鎖定幾條街，一天拜訪五到八家公司，有時還會跑十家。但是，新竹科學園區的科技公司都很嚴謹，非常重視細節，就算能夠接觸到福委會的委員，也會因為我們公司還很新，連一場內部員工活動都沒辦過，遞出的名片又醜，根本沒有人願意和我們合作。

前幾個月遭遇很多挫敗，算一算至少被一百多家公司拒絕，就算好不容易能夠擠進提案名單，最後還是敗陣下來。甚至在提案時也因為完全不懂活動，吃了很多苦頭，也比了很多根本沒辦法得標的案子。

此外，因為我是硬體廠商出身，向客戶提案時完全以硬體角度規劃活動，只會死板板的介紹硬體和場地架構，而其他同業都是用活動的角度思考活動。同業提案時也是陣仗十足，好幾個人來簡報，而我只有一個人。當時很沒自信，每次上台簡報前，還會緊張得發抖。後來想想，會被拒絕也是理所當然。即使如此，在不斷接受失敗的同時，卻也慢慢累積出一種能量。

公司要營運，必須能接到案子，既然沒經驗，就要以累積經驗為前提，創業初期沒名氣，沒有挑客戶的本錢。所以不求能接到多大的客戶，只求能接到案子就好，就算五萬、十萬、二十萬的小活動我都接，甚至是低價搶標也在所不惜。

一切雖然辛苦，但很值得，第一年接到的案子，都是預算很少、只要便宜就好的小活動案。但我們接到案子後，還是會死命的將它執行到最極致的完美，以此累積業內口碑。用這樣的創業拚勁，加上一點好運，我們做出許多連自己都覺得不可能辦到的事。

當時很幸運的接到一家中型企業活動案，開會時，承辦人員希望活動當天能吸引媒體來採訪，他突發奇想的、要求我們邀請當時的台北市長馬英九出席。我一秒都沒有猶豫，立刻回答：「沒問題。」當時和我一起出席會議的同仁都傻眼了，因為我們這麼年輕，根本沒有任何社會人脈資源、沒有後台關係，如何請得動這位台灣當前最紅的政治明星？

毫無人脈與背景，無名小子如何請到馬英九？

事後同事希望我能向客戶坦承我們辦不到。但當下我只覺得既然答應了，就一定要做到。回公司後，我不停思考，到底什麼樣的活動能吸引政治人物來參加？答案就是：公益活動。

我們在活動企畫案中，幫客戶規劃了一個公益活動攤位，以及那家企業針對台北廠區的招募人才活動，我用公益、以及增加台北市科技人才就業等理由，多次打電話到台北市政府，成功的說服市長馬英九出席這項活動。

活動當天，這家企業的總經理和馬英九，坐著我們打造的「人才招募列車」進場，兩人一下車，跑市府線和科技線的記者蜂擁而上的採訪，隔天做了很大篇幅的報導，並替客戶做出最好的宣傳，增加他們在媒體前的知名度。

一個二十三歲的年輕人，怎麼能想到「公益活動」這帖妙方？其實我也不知道，只覺得答應了客戶，就必須「使命必達」。當我很認真的投入一件事情時，會絞盡腦筋不斷的想：到底要怎麼完成？最後終會突然靈光乍現，想到解套方法。只要投入，所有事情都有解決之道。

面對客戶再「不合理」的要求，我都會盡所能的去完成，也因此在業界很快的累積到一定口碑。為了接到案子，初期我常和員工說：「除非我死了，否則我答應客戶的事，一定會拚了命去完成。」如果員工答應了客戶要做某件事，最後卻沒有兌現，我知道後一定會將他狠狠罵一頓，為的是讓他牢牢記住：**你不應該用任何理由去辯解「你做不到」**，與其找藉口，不如設法找方法解決。

當我很認真的投入一件事情時，會絞盡腦筋不斷的想：到底要怎麼完成？只要投入，所有事情都有解決之道。

第五節

爭取那一戰成名的戰場

我一直深信，努力加運氣是成功的不二法門。二〇〇二年底，我接到竹科大廠智邦科技的尾牙活動，讓事業走出了新的格局。感謝老天爺，幫了我非常大的忙，更感謝智邦科技選擇了我，在事業的起點就走對了路。

能夠接到智邦這個案子，完全是因緣巧合與幸運。那一天我照例騎著摩托車四處拜訪廠商，來到智邦時，在大門口遇見正在外面抽菸的福委會同仁，他們的尾牙提案需要四家公關活動公司，卻只找到了三家，正在傷腦筋要去那裡找最後一家廠商時，我的出現適時解決他的困境。於是他問我要不要也來提案看看？即使當時他只認為：「你來陪榜就好。」

為什麼這麼說？因為那時候我很年輕，怎麼看都不像是個可以辦活動的人，反而比較像是在路邊發傳單的小弟，外形黑黑瘦瘦、長得很土。其實當下我也覺得自己毫無勝算，尤其初入行，根本不懂得什麼叫做「提案」和「簡報」，和我競爭的又都是台北的大型公關公司，一點勝算也沒有。

但是既然要提案，就一定要贏得智邦的青睞，**為了提出符合他們需求的案子，我花了整整三天的時間，坐在智邦的員工餐廳裡，觀察他們**愛玩什麼、愛吃什麼，不斷的揣摩科技人真正想要的活動。

回家後，拿出白天做的筆記，思考提案時的創意，發想可以讓他們玩得開心的東西。由於每天在智邦大門出入，我注意到這間公司很照顧員工，為了讓員工上班專心，還開了兩間員工托兒所。於是我決定採取柔性訴求，在尾牙活動中放入了托育中心、提出「保母區」的構想，想讓員工玩得盡興。

但等到真的提案當天，因為沒什麼經驗，企畫書寫得零零落落，站在台前簡報時還緊張得發抖，話也不太會講。由於講得實在是太爛了，福委會的人根本聽不下去，幾分鐘後，其中一位委員就叫我不要再報告了。

我感受到現場氣氛不是很好，也覺得他們根本就不會選我。然後，其中一位同仁問了一句關鍵的話，扭轉了局勢，他問：「你認為，我們為什麼要選你？」我用很自然而然的口氣、脫口而出：「我相信以你們的條件，可以找到非常專業、有名的公關公司來幫你們服務，但飛虹是唯一一家，可以用命來幫你們執行案子的公司。」

講完這句話，我就知道這個案子是我的了。因為在場的十多位福委會委員大多是女性，而且是媽媽，一個生嫩、瘦弱的小男孩站在台上簡報，對著她們說自己願意「賣命」，很能勾起母親的憐憫之情。說完那句話之後，我當下可以感覺到，她們是有被感動的。

最後，我的確得到了這個案子，事後想來都覺得「好神奇」，一切都是命運的安排。當時公司只有三個員工，舉辦這場上百萬元的尾牙要動員很多人，我把能夠號召來的人，包括國中同學、親戚等都找來，充當臨時工作人員，忙了三個多月。

辦活動的核心價值不是熱鬧，是感動

做任何事情我都很拚命，而且凡事親力親為，這件事幫了我很大的忙，讓我找到辦活動更深層的意涵，也改變了對於活動的感覺，找到公司未來的核心價值。

那次的尾牙主題是「愛、榮耀與希望」，取自於《聖經》的「信望愛」。與智邦合作的過程中，經常和他們討論執行的細節，最後為了呼應主題，我們決定拍攝外籍工程師的志工活動。

智邦是一間跨國公司，有部分工程師來自世界各地，他們會利用週末到新竹尖石鄉的偏遠小學、或是與企業長期贊助的小朋友唱歌。那時他們練唱的是〈快樂天堂〉。

連續幾個週末，我帶著攝影師、跟著這群外國工程師上山和小朋友練習，一邊拍下影片，那時只是覺得這段過程很有趣。第一次去拍時，這群老外唱得很生疏；第二次漸入佳境，第三次開始越唱越好。看到他們的進步，我也很開心，尤其令人感動的是，這群工程師大多不會說中文，但他們為了和小朋友練唱，很努力的學習中文歌詞，努力的記住每個字的發音。

回公司後，我們將影片剪輯完成，在尾牙現場播放。影片裡是這群外國人從咬字不清、唱不下去，到有模有樣的練唱過程，還有小朋友活潑可愛的逗趣神情。

播完後，影片裡的外籍工程師和小朋友站到舞台上，齊聲高唱〈快樂天堂〉：「告訴你一個神祕的地方，一個孩子們的快樂天堂，跟人間一樣的忙碌擾嚷，有哭有笑當然也會有悲傷，我們擁有同樣的陽光……。」歌詞意境很棒，透過影片讓人感受到這群外籍工程師努力學習中文的心，再加上原住民小朋友宛如天籟般的歌聲，喚醒一種代表希望與未來的氛圍，紮實的傳到了員工們的心中，在現場引起很大的共鳴。

現場許多員工和家屬都感動的哭了，我也跟著感動，因為我終於懂了，**如果做一件事情讓人感到很high，那只是當下的「感受」和「感覺」，但如果把活動變成一種「感動」**，就會在每個人的心中烙下永恆的記憶。當下我領悟到，原來我要做的就是「感動」這件事。

我相信，即使過了十年、二十年，當天在場的所有人，若回想起這場活動，都會記得當時的心情，以及那一首〈快樂天堂〉。那一刻，徹底扭轉我對「辦活動」的想法。那個時代，尾牙還會找鋼管女郎來跳舞，帶動現場氛圍。但如果一直鑽研於找哪位名人出席活動會很high、怎麼樣把氣氛搞得很熱鬧，根本就是錯了。

這是老天爺給的機會，祂讓我接到這場活動，並透過它體悟這些存在於熱鬧背後更深層的意涵。直到那一刻起，我才真正明白、並且確認自己就是要專心經營這個行業：「沒錯，這就是我將來要投入的市場！」

更幸運的是，遇到的是智邦科技，它可以說是我在創業之初的福星。因為這間公司在竹科廠商裡很講求員工創新，二〇〇二年辦的尾牙就已經跳脫傳統，不再是包下大飯店吃飯、辦桌摸彩等形式，而是以園遊會的方式舉辦尾牙。例如找公益攤位設攤、邀請員工和家屬同歡，現場搭建表演舞台，各部門長官們化身為各闖關遊戲的關主，每個人妝扮得花枝招展，有人穿著兔女郎的衣服打桌球、有人是劍道好小子，有人是攀岩蜘蛛人。那一年智邦的創意尾牙轟動竹科，為許多園區內的公司津津樂道，也展開一場模仿風潮。

由於智邦尾牙的成功，飛虹在竹科**一戰成名，它變成公司的一項重要資歷**。我們在園區內的招牌及口碑，就這樣慢慢的建立了起來。陸續接到了其他廠商的活動，包括凌陽、聯詠、力晶、錸德科技等。當時竹科的「家庭日」、「運動會」正在崛起，我也非常幸運的搭上了這班順風車。

如果做一件事情讓人感到很high，那只是當下的「感受」和「感覺」，
但如果把活動變成一種「感動」，就會在每個人的心中烙下永恆的記憶。

第六節

非典型危機中找轉機

二〇〇三年六月，公司申請的牌照下來了，順利的接到一些尾牙的案子，但是緊接著台灣就陷入SARS風暴，兩岸三地都被這突如其來的天災所波及。

我們剛創業，還沒站穩市場，業績就受到影響。科學園區內的廠商都很緊張，原定預定要舉辦的活動，包括家庭日、運動會等全都取消。那時覺得自己實在很倒楣，怎麼會這麼衰？公司如果沒有辦活動就沒有收入，我們真的會倒閉。

正在愁眉苦臉，想著該如何是好的時候，因為平時就常騎著車到竹科內拜訪廠商，我一如往常前往園區，觀察科技廠商如何因應SARS。他們為了防止疫情擴散到工廠內，員工進門前，會先在門口測量耳溫、用酒精消毒雙手。有些公司還會在大門外搭臨時帳棚，做為臨時檢疫站。

這些臨時檢疫站的棚子是用一根根鐵柱架成，因為笨重又不容易移動，架設上相當的麻煩。當時沒人知道ＳＡＲＳ疫情會延續多久，科技公司向廠商租借的棚子，也不知道要租多久。若是要移動帳棚的位置，還要請廠商協助拆除，重新架設，這項服務不太收取費用，廠商不見得會願意來幫忙。

硬體的專業背景，讓我有能力思考另一種可能：能不能幫他們搭帳棚，或者是賣帳棚給這些廠商呢？我想，若有一種簡易式帳棚，可以讓科技公司內部的人自己就可以動手拆掉、重搭，說不定他們會願意花錢買。

於是我四處搜尋國內外各式帳棚，最後真的讓我找到一種露營專用的一體成型帳棚，正好符合需求。接著我到園區內向科技廠商調查採購意願，沒想到一推出就很受歡迎，幾個月內大賣了兩、三百頂。

ＳＡＲＳ爆發初期又遇到科技公司股東會旺季，絕大多數公司不敢在室內辦，只好將活動移到戶外。於是我想到可以幫他們規劃戶外舉辦的股東會，提案後立刻打中他們的心，接到不少舉辦股東會的案子。園區的生態很有趣，只要替一家公司辦了戶外股東會，其他家公司會立刻聞風而至，紛紛自動找上門來。那一年，光是戶外股東會，就辦了十幾場。

其實，我只是將過去在戶外舉辦活動的經驗拿出來運用而已，這件事看似微小，卻在創業初期幫了很大的忙。我們的工作也相當簡單，就是架設舞台、音響和搭帳棚。然而在當時，只有我想到這個應變措施，並以多年的硬體經驗，以低廉的硬體資源，替這些上市公司舉辦年度股東會盛事。

幸好SARS來得快、去得也快，在全民草木皆兵、政府擴大防疫規格下，疫情並沒有延續太久，當年下半年市場已經漸漸恢復生息，也順利的接到許多公司的尾牙活動。

創業第一年就遇到這麼悲慘的災難，經營得很辛苦，但令人慶幸的是，當時公司的規模很小，我是螞蟻，不是大象，加上沒有包袱，可以跟隨市場節奏靈活調整自己的步伐，因此扭轉了可能虧錢的命運，並賺到了第一桶金。那一年公司營收進帳兩千多萬，飛虹在這場風暴中非但沒有虧損，反而獲利。

找到自己的族群——M型社會

替智邦科技舉辦尾牙，改變了我，也認知到未來必是M型化社會。M型化就是「大者恆大、弱者恆弱」，尤其身在台灣科技產業的重鎮——新竹，對此，有更深刻的感受。很感謝媽媽和繼父，若不是他們的緣故，我也不會搬到新竹，更不會投入硬體音響設備，進而踏入活動公關領域。

來到新竹，若想要舉辦活動，勢必接觸到許多竹科廠商。他們是台灣很重要的經濟命脈，尤其以傲人的代工、有效率的工廠管理，讓台灣以科技島聞名全球。

我的創業時機點又非常好，那個時期竹科正在萌芽，受到美國景氣下滑影響，吸引許多留美科技人才及ABC（在美國出生的華人）返回台灣工作。這一群人頂著高學歷，又曾經在國外知名企業工作，帶回許多國外企業行之有年的傳統活動，包括運動會、家庭日、園遊會等。可以說，竹科是台灣活動產業的發源地。

在竹科還有個「福委會聯誼會」，各公司福委會成為都是會員，他們會定時聚會，分享和討論事情，等於也是竹科訊息的傳播平台。若某間企業某項活動辦得很好，就會有廠商跟進。業者活動辦得好或不好，自然也會在這裡被傳出去，飛虹就是透過這個平台的口碑效應，很快接到其它企業辦活動的邀約。

二〇〇〇年的竹科還有一個現象，那就是「人才荒」，各大科技廠為留住人才，會砸大錢辦尾牙，因為尾牙是台灣的傳統，也是最受員工矚目的年度活動。那時各大廠競爭得很激烈，尾牙就成為年度在檯面上互相較勁的場域。例如台積電尾牙包下新竹市立體育館，邀請天王、天后級的張惠妹、王力宏、伍思凱、張信哲輪番演唱。聯電則一向以台積電為假想敵，年終尾牙輸人不輸陣，推出兩千萬元獎品，那幾年可以說是科技業尾牙的黃金歲月，我也雨露均霑。

在當時我已經觀察竹科活動公關市場的崛起，所以將公司設在竹科，並專注做園區裡的生意。直到二〇〇六年《商業周刊》才以「M型社會」為主題，到日本採訪知名的企管顧問大前研一。那時他推出一本新書《M型社會——中產階層消失的危機與商機》造成一股風潮，他提出的「M型社會」概念指出，日本原本是中產階級為主的社會，已逐漸轉變為富裕與貧窮兩個極端。

理論一推出，在台灣立刻成為旋風話題，有人憂心忡忡，認為自己是M型的左邊（變窮了）。但大前研一在書中指出，社會改變的過程中，商機正在浮現，少數有洞察力的企業已經開始獲利，而我就是這一類人。因為一家企業若是淪為M型社會的左邊，只會越來越小，終至消失，所以一定要做到最大最好，才有機會生存。

儘管替智邦辦活動很成功，但飛虹才初入行，在業內沒沒無聞，對於從來沒接觸過的大科技廠商，想要接到他們的活動案並不容易。這些企業大多很謹慎，只願意給新進廠商小案子做，以此來測試彼此的合作默契。因此，我很努力的爭取與他們的合作機會，不論是多小的案子都接，有些案子接了甚至無法獲利，只能勉強打平，我也會全力以赴的完成。漸漸的，飛虹取得許多客戶的支持，也接到不少大企業的活動案。

當時我深深的體悟到，這個世界是相當現實的，每個人都只記得誰是第一名，例如第一位登上月球的人是阿姆斯壯，全世界最大的搜尋引擎是Google……有誰記得誰是第二名？

若想要在某個行業生存下去，就要做到第一名，才能夠被人記住。然而要做到第一並不容易，必須要懂得抓住唯一的機會，做出自己的價值。

過程中，其實也有很大的風險，因為當市場在前進的時候，必須要能夠跟得上它的速度，這個時候拚的是體力、耐力、精神。為了要讓自己跟得上竹科頂尖的科技廠商的腳步，我沒日沒夜的工作，並且不顧一切的投入身上所有的資源，才讓飛虹在三年後，成為竹科最大的活動公關公司。

第一位登上月球的人是阿姆斯壯，全世界最大的搜尋引擎是Google
……有誰記得第二名？

第七節

流氓變成老闆，閱讀讓境界不同

很多人不是很了解，我如何從很土的硬體工人變成老闆、還要身兼公司的門面，當起業務接案子？創業後幾年，有些朋友看到我的轉變，還表示他們覺得以前的我，氣質和長相根本就是個流氓，為何我的角色轉變會如此之大？但其實變化一點都不大，因為我就像變色龍一樣，很能夠隨著環境，改變自己的言行舉止。

在繼父的燈光音響公司工作時我學到，要和一群藍領工人工作，就必須學會與他們相處的模式，所以我要**調整自己的言行舉止，和他們成為同一個世界的人**，才能說服他們。日子久了，就和他們同一個調調。不這樣做，根本無法打入他們的圈子，也就沒有辦法把事情做好。對我而言，把事情做好，比任何事情都還要重要。

而一旦創業，成為公司老闆，主要工作之一就是找到願意讓我們承辦活動的廠商。此時，就要穿起比較正式的服裝和休閒鞋，化身業務，四處跑客戶，也要轉換自己說話的方式，談吐更得體。我在角色的轉換上做得很好，是因為雖然**從小對單調乏味的課業沒有興趣，卻很喜歡看故事書和小說**，無形中培養了溝通能力和邏輯思考能力，我認為這才是自己和同齡者最大的不同。

我不愛讀學校的課本，但是很喜歡看課外讀物，大約在九歲時，在奶媽家能夠拿得到的書就會看，包括《木偶奇遇記》、《小紅帽》等童話故事，那時空閒的時間較多，就會看書打發時間。再大一點的時候，我會讀皇冠出版的《小說族》裡的愛情故事，以及各種人物傳記。此外，鬼故事也很吸引我，每次看完會很害怕，卻又很愛看。

出社會後，我開始看商業類雜誌，如《商業周刊》、《天下》、《遠見》等，我最喜歡看的文章是商場案例，如某間企業如何度過難關、某企業做了什麼事導致企業王國的垮台，或者是哪一位CEO靠著哪些策略拯救公司。

閱讀，是一個長期累積的過程，在日積月累間慢慢的改造自己的想法。接活動時，也勢必需要了解客戶，所以各大財經報紙如《經濟日報》等，都是我平時收集資料的來源。

另外，和繼父工作時，我的工作雖然是搭設舞台、架設燈光音響，在過程中為了要確保燈光及音響正常運作，無論活動進行幾個小時，工作人員一定要在現場保持警戒，如麥克風聲音忽大忽小，要立刻調整。我們協辦的活動五花八門，除了公司的活動，還包括選舉時政治晚會，如造勢活動、宣勢大會等。我在後台能夠清楚的看到政治人物如何與台下民眾互動。辦了幾十場活動，透過台上台下互動就能知道誰會當選，而且相當的準確。

每段過往經驗都是未來的養分

很多人在這一行工作時，會關起耳朵，不願意去聽政治人物的演說。很奇怪，我反而非常喜歡聽他們在台上的講話。潛移默化中學到了一件事：一個人在說話時，要傳達的不只是他說出來的那些話語，還包含了話說出來後，透過空氣傳達出去的**溫度**、**感受和情感**。**這些才是言語的力量**，讓人感受到，並且在不自覺中進入他想要構築的世界裡，相信他，進而變成死忠的支持者。

另外，在創業前，我已經接受過一段時期的業務訓練。媽媽的一位在雜誌社工作的朋友，希望媽媽能幫忙找一個有活動場地布置經驗的人，而媽媽推薦了我。後來才知道，我的任務之一是要幫忙接活動。

當時年紀輕輕也沒想太多，儘管不知道業務技巧何在，但用最笨的方法就是，先取得廠商客戶名單，一家一家公司打電話去問，還要設法將電話從總機小姐手上轉到舉辦員工活動的福委會員工手中。幸好運氣不錯，不久後接到兩家公司內部的小型聖誕晚會，那時其實只是提供簡單的硬體設備及布置，也不懂得什麼是「辦活動」，只憑著一股「膽識」向前衝，客戶有任何問題，一定隨傳隨到。努力加上機運，讓我跨出成功的第一步。

這些過往累積的經驗，就是創業後的資本。我總是覺得，**天底下沒有任何用不到的經驗，即使你正在做一件感覺很無聊且沒意義的事，但那個經驗在往後的生涯，一定有派上用場的那一天。**

這世間的所有事物都是連結在一起且交互作用的，而在過程中，他們也變成了你的一部分，成為未來的本錢。因此千萬別小看自己生命中的任何一段經歷，即使是泡沫紅茶店的小弟、披薩店的送貨員，你都能在這當中學到東西。

天底下沒有任何用不到的經驗，即使你正在做一件感覺很無聊且沒意義的事，但那個經驗在往後的生涯，一定有派上用場的那一天。

第 3 章

讓生意成功的開門七件事

第一節

機會來自「大家都沒經驗」

一間公司能否長久經營，要看老闆對事業的態度。在活動這個行業待了一段時間，對於如何辦活動，我有一套自己的想法。飛虹成立之初，我之所以不願意和其它公關公司一樣用「以打帶跑」的方式經營事業，在於我對公關活動有一種「使命感」，它驅使我激發出「要將這個行業做出格局」的熱情。

第一次舉辦活動，是充滿新鮮感且戰戰兢兢的，在我的內心也有著些許恐懼及忐忑，因為沒有經驗，只能透過實際舉辦活動來演練，慢慢摸索執行方法。

創業後第五年，飛虹已經是全台最大的公關活動公司，尾牙、家庭日、運動會是我們的三個主力。而第一次接到這三場活動，對我來說有著深遠的意義。

我們第一次辦的尾牙是智邦科技，它讓我發現辦活動的價值在於感動人心。第一場家庭日則是在二〇〇三年五月，那時凌陽科技在廠外蓋了一座創新公園，公園內有一間咖啡館，他們想利用公園舉辦一場「家庭日」，由我們來安排表演並搭配各式有趣的活動。

這場家庭日並不困難，我們以簡單的分類概念來執行，在場內設置了小朋友區、親子區、成人區等遊戲區，再透過表演活動串聯各區、帶動現場氣氛。它的活動目的很簡單，就是讓員工與家屬聯繫感情，當時參與人數大約五、六百人。比較特別的是，創新公園對面就是合勤科技，辦活動時他們在辦公室裡隔著玻璃看到凌陽科技的活動，覺得很有意義，也找我們去辦「家庭日」。自此，家庭

▲ 2014年可口可樂家庭日，大家玩得不亦樂乎。

日逐漸成為竹科廠商的傳統。

隨著廠商的茁壯發展，活動也越辦越盛大，迄今舉辦人數最多的家庭日是群創與奇美合併的第一年，一共有四萬人參加。它分成南、北兩個場地，南部在南科體育場，北部在竹北體育場，白天是家庭日，晚上是尾牙。我們用SNG車連線，透過雙邊視訊，把兩地的舞台串起來。這場活動是目前舉辦過參與人數最多、最不一樣的家庭日兼尾牙。

這幾年透過每一場活動，從不熟悉到熟悉，過程中再慢慢思考要

▲ 家庭日的目的就是讓平時繁忙的員工，有機會與家人好好聯繫感情。

怎樣將它做到最好。

飛虹舉辦的第一場運動會，是二〇〇四年六月力晶半導體十週年慶，他們想以運動會的形式慶祝十歲生日。那時候我對運動會完全不熟悉，而且要嘗試新的領域時，多數人都會因為不熟悉這塊市場而畏懼，擔心搞砸而不敢嘗試。

那時的我就是這樣，尤其公司才剛成立一年，員工人數很少，同業知道我們拿到案子後嘲笑道：「找個硬體出身的人辦，還是二、三千人的活動，真的很有種。」他們認為一個新人應該要從小活動辦起，怎麼第一次就搞這麼大的？

即使如此，面對恐懼和**害怕在同業面前丟臉的情況下，我的處理方法就是盡量做最多的準備**，努力了解流程，紓解壓力。當我越恐懼，我就做越多功課，慢慢的，恐懼也不見了。

超越傳統，喘死人的路跑像在玩遊戲

那場活動不能說執行得很完美，但是該完成的重點都完成了，例如運動會的開幕儀式要點聖火，這可是個藝術。一般的聖火台用火去點是沒有效果的，尤其在白天，聖火就算點燃了也看不到。為了解決這個問題，我們找了幾十家廠商詢問，最後才問到一家瓦斯行，請他們做了一組用瓦斯點火的聖火台，火不但比較旺，而且防風又防雨。

運動會還有跑步、拔河等競賽，要了解所有競賽的賽制並建立遊戲規則，讓過程能夠公平，就必須下很多苦心去鑽研。然而，**只要第一次研究透**

▲ 一場運動會中間會碰到多少突發狀況、天氣如何、路況如何……都是主辦單位需要考量到的。

徹，下次再遇到運動會就會很熟悉這些遊戲規則，之後再依照各家公司提供出的要求做些調整即可。

我們執行的第一場路跑是在二〇〇四年，協助台積電舉辦寶山水庫路跑。以一家新進廠商來說，要提案爭取到一千多人的路跑活動並不容易，但那場活動我們完全是以創意勝出。提案時，絕大多數的業者都以「活力、熱情、健康」為主題，再設計專業組、老態龍鍾組、親子組等組別，內容不外乎是設置關卡及補水站。

相較之下，飛虹跳脫傳統思考，以「龜兔賽跑」提案：兔子與烏龜一起參加競賽，兔子雖然跑得很快，但只要你不放棄、堅持到底，就會跑贏牠。在設計路跑活動時，每位參與者都被當成烏龜，再派人穿上兔子裝，扮成金兔、銀兔、紅兔。烏龜在跑步時如果跑贏金兔，金兔就會送你獎品；遇到銀兔，代表你要跑贏牠；若是你跑輸紅兔，紅兔就會生氣。有時這些兔子會在路上裝睡，故意讓你跑贏牠們——我們讓路跑活動變成一場更有趣的遊戲。

這場路跑在執行時遭遇到最困難的問題是，寶山水庫周遭有很多建築，包括靈骨塔、居民住所、吊橋、車子往來的山路等，整體是一場令人膽戰心驚的活動，尤其我們還不是那麼懂路跑，卻要一一克服這些困難及心理恐懼，這才是最大的壓力所在。

我們在每一場活動中精進自己的能力，事後也繼續不斷的檢討執行流程及細節，終於漸漸的在新竹做出口碑，日後不論是接到尾牙、家庭日，或是運動會，都難不倒我們。

面對恐懼和害怕在同業面前丟臉的情況下，我的處理方法就是盡量做最多的準備，努力了解流程，紓解壓力。當我越恐懼，我就做越多功課，慢慢的，恐懼也不見了。

第二節

尾牙只能玩動感？我要的是感動

身為活動公關公司，有一種無奈的宿命，因為對很多企業來說，辦活動沒有專業門檻，看起來沒什麼學問。事實上，也確實是如此，否則以我在台灣只念到國中、加上沒人脈、沒資金，要拿什麼來創業？另外，這份工作也很容易被人瞧不起，很多找我們辦活動的廠商會認為：「你們不過就是打雜的。」搭帳棚、插旗子、搬桌椅、布置會場、準備茶水……許多人覺得做這些事情沒有難度，也沒什麼技巧可言。創業前幾年，我們還會聽到客戶輕蔑的評語、不尊重的態度，甚至在結案時想辦法刁難我們、從中扣錢。

因為明白自己無路可退，所以這些苦我都忍耐下來，不服輸的性格更讓我下定決心，要將辦活動這個看似人人可做的行業，拚出很高的水準，讓其它廠商很難進入，也要讓最刁鑽的客戶都沒辦法刁難我。

為了達到目標，自然需要投注大量的心力，從二十二歲到三十一歲，在我生命中的黃金時期，我每天工作十六個小時，一年只有除夕、大年初一及初二休息，所有的時間都花在鑽研如何將工作做得更好。這個時期，我幾乎沒有私人時間與娛樂。

做任何事時，**我也很喜歡問「為什麼」，這是提升自我最好的方法。**「為什麼你要做這件事？」、「為什麼你要問我這個問題？」我會去思考「為什麼」背後的意涵。

我經常告訴員工，企業辦活動，是要讓員工感受到公司對他們的尊重和感謝，透過遊戲的安排和設計，讓他們在玩的過程中，增加對企業的認同感。因此，設計活動者最主要的任務就是認真思考，什麼樣的活動能達到這個目的，絕對不是去搞噱頭、想些純粹好玩的遊戲。這樣員工和主管只會「哈！哈！哈！」覺得好好玩，然後就結束了。我會非常認真的告誡員工：「你要知道，那是別家公司要做的事，不是我們要做的事。」

在替企業舉辦活動時，我們特別喜歡製作廣宣帶，因為它很能獲得員工的感動及認同。去年接下阿瘦皮鞋六十週年慶活動，它的主題是「感恩、榮耀、展新局」，這場活動在台北國際會議中心（TICC）舉行，傍晚時阿瘦員工們踏著星光大道紅毯、走入會場。之後，我們設計了一個很感人的節目，內容是走訪阿瘦皮鞋第一代製鞋老師傅，請他們說說當年製鞋的甘苦，並拍成影片。

我們將現場燈光調暗，伴隨著音樂，畫面中出現這群白髮蒼蒼的老師傅們，有人用台語或用生硬的台灣國語，訴說著五〇至六〇年代在阿瘦工作的點滴辛酸。有的老師傅說：「會嫌的客戶才會是買你東西的客戶。」有一位說：「吃苦要當成吃補。」也有師傅說出真誠製鞋的心：「很高興我在修鞋，因為你可以穿著它走得更快、更遠。」

這些話，對製鞋及賣鞋的阿瘦員工來說，感受及意義是很深刻深遠的。看完影片，燈光一亮，製鞋師傅們出現在舞台前，這群已經退休、身為阿公的老人家們，對著台下的阿瘦員工鼓掌，衷心感謝他們的努力及堅持，讓公司走過六十年。接著，台下的員工對著台上的老前輩們鼓掌，謝謝他們用雙手做出一雙雙的好鞋，替企業奠定這麼好的基礎。最後，阿瘦皮鞋董事長羅榮岳走到台前，他張開雙臂，一一擁抱這些老師傅。

我們也邀請歌手在晚會上唱歌、帶動氣氛。但我在挑選藝人時，並不是依照大、小咖藝人的順序來安排，而是看誰唱的那一首歌，能替活動帶來高潮及感動。所以事前就必須確認這位藝人要唱哪一首歌？他會如何表演？

在幾番考量下，最後選擇蕭煌奇當晚會壓軸，並非因為他是這場晚會最大牌的藝人，而是他演唱的歌曲〈只能勇敢〉。他是視障人士，通常視障的人會戴著墨鏡出場，因為不喜歡別人看著自己臉上的殘缺，但蕭煌奇演唱這首歌時，會摘下墨鏡，以慣有的嘶吼嗓音高唱：「我只能勇敢，順其自然，誰叫我寧願浪漫不要平淡，不投入盛大煙火表演，沒有危險但也不燦爛。」

他脫下墨鏡的這個舉動，代表勇於向殘缺挑戰的勇氣，很能呼應阿瘦皮鞋六十年來走過的風風雨雨，並經歷了時代的考驗。它也替晚會結束創造了勇氣、力量，決定挑戰未來的心，為阿瘦皮鞋六十年做出最佳的註解。這場有感動、有振奮、有熱情、有回憶的晚宴，在員工們的心中留下深刻記憶。後來他們告訴我，活動結束後一個禮拜，辦公室同仁都在電腦上重複播放著〈只能勇敢〉。

客戶在尾牙舞台上痛哭流涕

即使替小公司舉辦尾牙，我們也會很盡心的執行。有一家公司花十多萬元舉辦一場尾牙，和客戶互動的過程中，他們希望能頒發特別的獎項，給一位在公司服務十五年的資深工程師Brian。他是公司的英雄，創造最多的研發專利，為公司帶來很豐厚的收益。董事長希望能發想一個感動的頒獎典禮，謝謝他多年來的努力。

我們仔細了解後，得知這位工程師一人住在新竹，老婆和女兒都在台北，平時與家人分隔兩地，只有假日才能見面。頒獎前，我們替他錄製一支影片，叫做「To Brian」，請董事長及部門主管對他說出內心的種種感謝。緊接著畫面一轉，布幕上出現老婆的臉孔，她以溫暖的口吻說道：「老公，雖然你很少回來，但我知道你很辛苦的為家裡打拚，你要好好的注意身體喔！」

Brian事前不知道公司有這項用心安排，情緒顯得有點激動，此時畫面又出現他的寶貝女兒，她以稚嫩的語氣說：「爸爸，我好想你，你好棒！」這位工程師開始哽咽。

影片播完後，Brain站到台前等待領獎，一般人一定會認為是董事長出面頒獎，但我們特地安排Brian的家人來到現場，走上舞台替他頒發這個特別的獎項。當他的老婆與女兒手牽著手走到台前，將獎盃拿給他的時候，Brian再也忍不住淚水，站在台上痛哭流涕——這是我第一次看到一個男人哭得淅瀝嘩啦。

我相信，這是讓所有人一輩子難忘的畫面，我們的工作就是去創造這永恆的一刻。從來我都認為，這就是我的使命。

▲一場好的尾牙，並不只是酒足飯飽、玩得high而已。要感動人心，客戶才會死心塌地跟著你。

但是，「感動」的元素並不適合用在所有的活動，像運動會就不需要感人。這是活動的專案企畫在和客戶溝通彼此的需求時，要去了解的。我認為要辦一場能夠感動人心的活動，不是形式上做到某些事情就可以，而是在於「感動」的這個元素，是不是在你的心裡生根了，它更像是一種心境，如此你才能夠設身處地的去觀察及思考，進而設計出讓客戶感動並記住的節目。

不服輸的性格更讓我下定決心，要將辦活動這個看似人人可以的行業，拚出很高的水準，讓其它廠商很難進入，也要讓最刁鑽的客戶都沒辦法刁我。

第三節

誠信：說出要做到，出了錯要認

做生意講求誠信，這是每個人都知道的事。然而在現實中，誠信卻是一件很難做到的事，畢竟商場的競爭非常現實，部分的廠商，會為了爭取案子而不擇手段，他們情願向客戶花言巧語，承諾一堆做不到的事，先爭取拿到案子後再說。但是我從來不這麼做，因為一間公司若是沒有信用，必定無法長久經營下去。

之前參加一場活動比稿、在提企畫案時，客戶說我們的創意沒有另一家公司來得好，因為對方提出一個很炫的活動，要安排主管搭乘法拉利跑車進場。我一聽就知道那家公司說謊，因為該客戶已經指定在某一家飯店辦活動，而我在那個地方已經辦過數十場活動，空間有限，根本無法讓一輛車開進去，除非拆掉那間飯店的柱子。

我跟客戶說，這個法拉利的點子絕對不可行，但是客戶不相信，堅持選擇那間公司。活動結束後他們才來告訴我，最後果真因為場地狹小的關係，無法讓法拉利進場。

有些公關公司還會信誓旦旦的承諾說，他們可以包下木柵動物園的熊貓館，提案時客戶因此質疑我：「為什麼你們辦不到？」我回答：「如果他們做得到這項承諾，你們就要求對方承諾真的能包到，否則就賠償一千萬元。」果不其然，三天後那家廠商回覆說：「包不到。」

「誠信」兩個字，很早就生根在我的體內，因為在經營的過程中我只求做到四個字：「問心無愧」。它對我的幫助很大，**每一次執行案子時，我都會問自己：這麼做會不會愧對良心？如果會，就不做。**

曾經有個客戶在結帳時，多了二十萬元，這筆帳在他們公司已經簽核通過，在即將要付款之際，我們發現他算錯了，於是誠實告知，並請對方重新簽核一次。

辦活動也很容易做小動作、以賺取更多利潤，例如原本應該一百分的舞台，只使用六十分的設備。我是硬體出身，知道如何搭建設備才能更扎實，所以我們從不偷工減料，提案時說會使用什麼設備、就用什麼設備。

很多生意人不這麼做，甚至質疑：「你這樣做是笨蛋嗎？」我並不這麼覺得，一個人想要做怎麼樣的生意是自己的選擇。過去有很多人問我賺錢的道理，我能給的回答就只有四個字：「細水長流」。

出了錯別賴，早晚要還

為了做到「誠信」，公司在創業初期、獲利還不多時，就付出一筆不小的學費。那是二〇〇五年，飛虹通過異常激烈的評選，取得新竹國際商銀五十七週年慶運動會的承辦權。這場活動對我來說意義非凡，因為我創業的第一筆資金就是向他們貸款，有一種個人情感的因素在其中。再加上，這場運動會是新竹商銀的年度盛事，從全省各地分行來參加的人數高達六千人，同仁們也都摩拳擦掌、期待著大展身手。

籌備初期，一切都進行得很順利，直到活動前兩週發生一件令人措手不及的疏失：運動會當天，全部的員工依照規定都要穿著公司訂製的運動服，然而和我們配合的運動服廠商，竟然將每個人的運動褲全都送成大一號的尺寸。員工收到褲子後，來自全省的抱怨電話不停的打進公司。那一天，同仁們光是這種電話就接了一整天，甚至一聽到電話聲響就害怕。

那個當下，我第一次體驗到活動還沒開始舉辦，信譽就要被下游廠商砸掉的挫敗感。同時也很自責，不知該如何面對那些投票選擇我們、信任我們的福委會委員們。一開始，懊悔的情緒襲來，但很快的，我知道不能讓自己埋在這種痛苦裡，要立刻做出危機處理，否則飛虹的聲譽可能就要毀在這場活動裡。

於是，我立刻要求飛虹員工和數十位工讀生，無論手邊有多麼重要的工作，都要馬上放下，將工廠隨後補送到公司、尺寸正確的運動褲，一一親自拿到全省的新竹商銀分行，讓員工更換。

所有的同事，包括後勤單位人員，全部出動。短短四天的時間，在全省繞了一圈，更換近八成尺寸錯誤的褲子，最後只剩下約兩成、地區較偏遠的分行沒有更換，應變措施是在活動現場設置攤位，讓他們到現場更換，並致贈小禮物賠罪。快速的補救措施，讓抱怨聲稍減了一些。

我們沒有推托、卸責，願意擔起責任、很有誠意的解決問題，讓客戶對我們的危機處理能力讚賞有加。活動日當天，所有的流程也都進行得很順利，客戶甚至誇獎，這次的運動會舉辦的比往年都還要好。

最後，由於認為公司的信用比活動辦得成功來得更重要，我做了一個非常大膽的決定：六千條員工的運動褲成本，全部由飛虹吸收，那一場大約損失了七十至八十萬元。當時公司一年的獲利還沒有很多，大約兩百多萬元，而**這筆損失就高達當年獲利的三分之一**。對一間才剛起步且利潤不高的小公司來說，願意犧牲這麼多利益，是很不可思議的決定。

做出這個決定當下，我獲得全體福委會委員的認可。但是，隔年新竹國際商業銀行舉辦活動，卻沒有找我們，後來他們和渣打銀行洽談合併，暫停所有活動。直到幾年前合併案確認，新竹國際商業銀行改掛「渣打銀行」招牌，在我們的積極提案爭取下才再度合作。因此可以說，當初放棄了這筆獲利，並沒有獲得往後的機會。但我也因而明白，誠信這件事是存在企業裡的血液，而不是拿來爭取案子的方法，在商場上要獲得別人的認同，靠的依舊是實力。

經過多年以後，我仍然認為這樣的決定是正確的，但是並不認為新創公司老闆也要學習我這樣的做法。退一步想，信用仍然可以用其它方式來獲取，例如願意承擔的心、即時的應變處理、另贈小禮物等，而不一定要自行吸收貨款。如果一家新創公司因為吸收了這筆貨款，便會倒閉，那就千萬不要做出這項選擇。

經營的過程中我只求做到四個字：「問心無愧」。它對我的幫助很大，每一次執行案子時，我都會問自己：這麼做會不會愧對良心？如果會，就不做。

第四節

不是提案高手，卻十拿九穩

不論公司做到多大，在執行每一個活動前，都要和同業經過激烈的提案競爭。只要有競爭，就一定會有花招，但是我從來不這麼做，即使只帶著一台電腦、一個人上陣，也能十拿九穩的取得案子，原因無他：我很誠懇，也知道客戶要什麼。

記得有一次去提案時，別家公關公司的人帶著披薩、餐盒等食物出席。而那天我除了電腦及企畫書，兩手空空、什麼都沒有帶。跟我一起去的員工看到別人的架勢，緊張的問我：「怎麼辦？感覺上好像未戰先輸。」我告訴他：「安啦！這叫小手段。」提案成功與否，在於你是否將這個案子研究得夠透徹，而帶披薩讓評審吃，就叫「取巧」。

那天是一家DRAM公司的尾牙提案，過去十年來PC和DRAM產業表現得很差，直到二〇一三年才終於嶄露曙光，並開始獲利。那家公司已經有長達五年以上沒有舉辦大型活動，員工們悶了這麼多年，此時若辦尾牙，他們心中最渴望的是什麼？

從人性的角度分析，他們想要的無非是看到台灣最大牌、最當紅的藝人站在尾牙的舞台上高歌幾曲，甚至還能和台下的員工親切的話家常、說笑話。所以我們請來藝人蕭敬騰壓軸，能安排到老蕭唱歌已經無敵，那些小手段怎麼能拚得過我用多年時間、花了很多心力、悉心經營出來的人脈？這是我的能耐，也是公司真正的實力。最後，我們拿到了這個案子。

還有一次簡報，剛好碰到我們公司一年一度的員工旅遊，那一年是到日本、五天四夜之旅。偏偏此時，一家企業希望我們能去提一個幾百萬元的案子，為了表達慎重，我放棄員工旅遊，一個人花三天的時間、寫好企畫書，獨自帶著電腦，單槍匹馬去現場。

在我之前提案的那家公關公司安排了好大的陣仗，不但有吉他手，更有穿著清涼的show girl，對方還提著鼎泰豐、星巴克等美食，總共約十人出席。他們的提案相當精彩，講到音樂時，吉他手會跳出來伴奏；現場設計了互動遊戲，一邊講、一邊就有兩個打扮美美的 show girl 出來走秀。委員們嘴裡吃著鼎泰豐、喝著星巴克，看著這場色香味俱全的豐盛提案內容，非常有臨場感。最後結束的時候，提案者打開一個皮箱，秀出五十萬元現金，意思是說：「如果我做得不好，這些錢都是你們的。」那場簡報做得非常好。

輪到我時，由於兩家的差距實在很大，委員們不解的問道：

「謝先生你怎麼一個人來？」

「對啊，我公司人比較少。」

「你怎麼沒帶女孩子來？」

「我們公司的女孩子比較醜，不好意思。」

「你怎麼沒印企畫書？」

「對，忘了印。」

電腦打開後，我的螢幕桌面還是我家的狗。簡報完後，我說：「上一家公司有這麼多花招，但他們之前做過什麼案子？而我什麼都沒帶，是因為員工都去海外旅遊了，而為了對你們表達慎重之意，由我這位老闆親自撰寫企畫案並出席簡報。另外，我們還有非常豐富的執行活動經驗、充沛的人力資源。」我將飛虹過去執行過的案子秀出來，每一家都是台灣第一流的上市櫃企業。

我問他們，你們是要一個很花俏的團隊，有吉他手、show girl、鼎泰豐和星巴克，還是要一個能夠真正幫助你們做好事情的團隊？我講的非常務實，順利拿到了這個案子。

其實道理很簡單，就像一個女生選老公，她遇到兩個條件差不多的男人，一個很會花言巧語，讓你覺得心花怒放；另一個是老實人，不以口條取勝，而以實力取勝。**若是聰明的女人，肯定會選擇老實的那個男人為結婚對象，因為花言巧語的人會讓人覺得不安全。**

被打到缺點時，不要掩蓋辯解

提案時我還有一個特點：實話實說。**一般人被打到缺點時，就會想辦法辯解和掩飾，但我不會**，這個態度很重要。過去，因為我是硬體出身，競爭對手會抓住這項弱點批評我，但事實證明，硬體出身的人也能將案子做得很好。在業界累積了十二年的經驗、辦了幾千場活動，我們能夠提供給客戶的意見非常周延豐富。

和飛虹配合過的廠商及藝人也非常多。辦活動時，我們會將資源平均分配給藝人，即使和大牌藝人合作，也不會押太高的比重在他們身上。有些藝人甚至是我看著他們從入行到成為大牌，例如謝金燕。多年來我們和她培養了許多革命情感，因此能夠用低於市場行情的價格和她合作，替公司賺取更多的獲利空間，這也是別間公關活動公司做不到的。

在跟客戶推薦藝人時，我們的角度也和別人也不一樣。例如，我最推薦的男主持人是唐從聖，但客戶聽到後通常會質疑：「那個舞台那麼大，配一個矮矮的主持人，另一個女主持人又是高高的曲艾玲，這兩個人一起站在舞台上，畫面可能不是那麼好看吧？」

我會回答：「不會啊！主持人又不會一直站在台前，但要是他什麼都會，能模仿、唱歌、主持，又能串場，還會說笑話，這樣的人才是活動現場最需要的。」這些都是多年舉辦活動得來的寶貴經驗，非常貼近事實。後來只要客戶選擇了唐從聖，就會發現他真的很棒！

當然，不可否認的是，我是飛虹最厲害的業務員，即使到現在，只要出面簡報，十次有九次會拿到案子。這是因為我很了解客戶，每一次提案也都抱著謹慎的態度，不論和對方再怎麼熟悉，**比案前都一定會做足功課**。

飛虹的企畫案現在大多交由員工撰寫，如果是比較大的案子，他們通常會希望我能親自去提案，在提案前我會先看過企畫書，若發現「不行，這樣對方不會滿意」，即使只剩不到一天時間，我還是會要求他們立刻修改。

簡報時，我的臨場反應很好，會依著台下福委會委員們的特質，說出他們想聽的話。有次到台塑，當時提案的內容是當紅的「憤怒鳥」（ANGRY BIRDS），我一到現場才發現，台下坐著的大多是中年人，在簡報時便立刻調整用語，稱呼它是

「打小鳥」，就像小時候拿彈弓打樹枝上小鳥的遊戲。此時若是繼續對著他們講太新潮的網路語言，就不適合。

某個男人很會花言巧語，讓你覺得心花怒放；另一個是老實人，不以口條取勝，而以實力取勝。若妳是個聰明的女人，肯定會選擇老實的那個男人為結婚對象，因為花言巧語的人會讓人沒有安全感。

第五節

我注意到的細節讓你瞠目結舌

一家公司要做大，不在於經營策略，而在於老闆及員工對這家公司付出的心力有多大。二十二歲創業，當時的我還只是個孩子，心裡其實對很多事情存在著畏懼，膽子沒那麼大，信心也不太足夠。正因為對很多事情沒有太多的把握，就會激發出一種能量，想把所有的不確定都變成有把握、很確定的事。

一旦把這種個性放在工作，對自己和員工的要求就會非常高。所以，雖然我從事的是活動公關公司，但其實比較像是個「科技人」：實事求是、嚴謹、難搞，有時難搞程度還更勝於「科技人」。

就像「提案」，它是爭取到案子很重要的競逐賽，在提案前我會做很多功課，將案子鑽研得非常透徹，任何人提出刁鑽的問題，都難不倒我。我每天花十六個小時在工作，很多時候就是在搞清楚這些細節。

如果提案時，我和同業拿出的是一樣的內容，那就不用玩了。辦活動前，我會事先了解客戶想在哪裡舉行，不論是飯店、遊樂場或運動場，我會實際去現場會勘，而且不是看過就好，還要看得很仔細，例如，如果是戶外運動場，我會在每一個時段都去看一次，包括晴天、雨天，這樣收集到的資訊才會是詳實的。

之後提案時就能明確的告訴客戶，這個運動場每天早上五點到七點，以及傍晚五點到七點，會有一堆的遊民及附近居民來運動、打球。辦活動前，就要先做好敦親睦鄰的工

▲體育館多大、有幾張座椅、哪幾張座椅的螺絲鬆脫……都是場勘注意細節。

作。甚至在某個場地的某個時間，會有風沙吹來，這一點，用眼睛是看不出來，要親自接近、去測試才會知道。若是活動需要用到聖火台，它可能已經年久失修。很多運動場內的設備都是壞的，也要一一去檢查。

例如，某間體育館內共有一萬一千個座位，在這其中有十七個座位因螺絲鬆脫等因素而損壞。我還會去數這個運動場有幾間廁所、小便斗有幾個、長官進場時會通過幾道門。

有一回在聯發科提案，我將場地研究到無懈可擊的程度，如地板是那一種材質的PU？能否在太陽底下

▲ 路跑行經路線是否有水坑？範圍多大？這些都得弄清楚。

囉？它會不會燙？最燙時是幾度？能不能赤腳踩在上面？可以承受多少的車子重量等。能夠做到如此細節的廠商並不多，這就是我們贏別人的地方。

客戶對我們的信賴感，在提案的過程中就能慢慢的建立起來，當他們發現我連地板、座椅、廁所等這麼細節的東西都研究得很透徹，通常會佩服得五體投地。所以，一般的公關活動公司提案時，企畫書只有二十至三十頁，我們一提就是七十至八十頁，甚至上百頁，客戶一開始都不懂為什麼要寫這麼多，但只要看完我的企畫書，他們就懂了。

龜毛出了名，業內標準我說了算

我經常告誡同仁，**一場活動最後會被搞砸的原因**，不會是舞台垮下來，或者是帳棚被風吹倒，**一定是在細節上出錯**。所以，一家公關公司的專業程度和競爭力，可以從活動中各種雞毛蒜皮的小細節分出高下。

此外，在活動中若有橋段要安排長官變裝，為確保長官順利演出，活動前我們會讓長官先試裝，確定衣服的尺寸是否合身，同時也讓他先習慣穿著服裝的整體感覺，並事先提供完整的流程說明，安排專人解說並示範每一個步驟。

在長官上台前，會有專人在一旁告知舞台上會出現的特效效果，以及放置的安全距離位置，因為有些特效施放時會有聲音，我們會先試放幾次，找到不會嚇到人的方式，否則若沒有心理準備，在台上的人因此被嚇到而出糗，就不好了。

很多人會覺得，這些小細節對活動不會造成太大影響——錯！當客戶讓飛虹辦了好幾年活動後，換別家公關公司執行，他們卻沒有提供這樣細心的服務時，就會知道這些事情其實很重要。

因此，飛虹雖然是公關活動公司，但它其實更像服務業，尤其**辦活動是人與人接觸的工作，它賣的不是產品，是對人的服務**。設身處地的為客戶規劃活動與細節，在溝通的過程中，自然會讓他們產生感動，也很容易因此獲得認可。過去和我們合作過的廠商，大多會再找我們提案、辦活動，目前為止，老客戶約占七成。

因為極度重視細節，我們在活動中制定的規模，還無心插柳成為業內標準。一般活動中用到的麥克風牌，款式從以前到現在至少換過三十種以上，有的是尺寸太小看不清楚、太大不好拿、太緊不易開關、太鬆會掉下來；有的是太寬很醜、太窄不好辯識、四四方方太重、有點弧型看起來太俗，同時還會依照搭配的麥克風大小，來確認不同尺寸的麥克風牌。

園遊會擺攤時要用到帳棚，每一個攤位的前方要掛上一個牌子，寫著「服務台」、攤位名稱等，我們會先測量帳棚的尺寸，再模擬要掛多大尺寸的招牌才剛剛好，經過無數次的嘗試，最後確認出來的最佳視覺規格是「三十公分高乘以九十公分寬」。這些後來被同業競相模仿，成為了業內的規範。

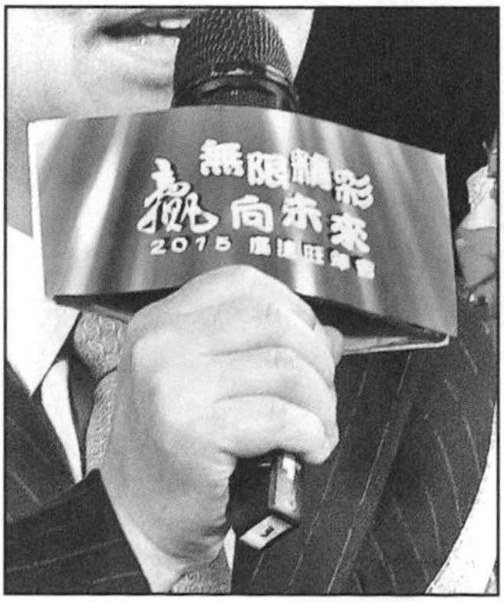

▲看似普通的麥克風牌尺寸，可是經過三十次調整，才有現在的模樣。

第六節

這一行，創新也始終來自人性

累積許多經驗後，我開始摸清楚活動規劃的邏輯，在發想創意時也更得心應手，公司業績直線起飛。活動公關產業最具挑戰性的地方在於，它是「創意產業」，在承辦之前，無論我們和客戶的關係有多麼密切、多麼熟悉，依然要依照公開程序，和各家公關公司在一起比誰的創意更好、更新。

企業每年都會舉辦活動，也希望能換換不同的口味，如果每年都提一樣的，客戶就不會再選擇我們。只有不斷的創新，才能取得最大的市場。用創意幫企業圓夢，也是讓我最有成就感的地方。到現在為止，可以很驕傲的說，飛虹是市場上最有創意的活動公關公司。

很多人會問我們，到底這些創意從何而來？其實，創意就在生活中，只要細心觀察，在每個人的身邊，永遠都會出現很好的點子。

對於「創意」這件事，我有很深的感受，因為自己是賣了命的在投入，在每一場活動的提案前，會用盡力氣構思「創意」。初期還因為推出不少獨門絕活爭取到許多公司的活動案，這些遊戲都很新穎，在推出之初不但獲得客戶好評，更成為其它公關公司爭相模仿的活動，像「人體手足球」就是一個最好的例子。

那時我觀察到一家科技公司員工餐廳裡擺的手足球檯，總是擠滿一群員工互相對戰，他們瘋迷這項遊戲的程度，已經到了情願放棄

▲ 從國外引進更好零件的第二代人體手足球，讓大家玩到欲罷不能。

中餐也要玩的程度。我在一旁觀看時不禁想到，這項活動是否能模擬成真人下場競技，一定會更真實、好玩，也更吸引人。

回去後透過遊戲氣墊廠商，看到國外有真人版的手足球氣墊機，深入了解細節後，我自行研發、改良適合實際競賽的配件，再向廠商訂製一個大型氣墊當成球檯，加上桿子，讓三個人像手足球檯上的足球員站成一排，兩手戴著手套握著橫桿左右移動，並且盡一切努力將足球踢到對方的球門中。

人體手足球器材做好後，為了兼顧遊戲的安全性，我親自下場試了好幾次，確認安全無虞後，正式在提案中向客戶提出這個新穎的點子。被採用後，科技公司的員工果真都玩瘋了。

為了因應仿冒，第一代五人制人體手足球推出八個月後，我開始研發第二代。第二代改良了第一代的許多缺點，並且全面升級，從國外進口更好的零件，還可以讓更多人同時下場對戰。

客戶覺得玩膩了？那你在這行就別玩了

創意，也是來自客戶各式各樣的要求，他們經常會拋出有難度的創新發想。有一年宏達電希望我們能設計一款遊戲來表現「團隊精神」，並要求開發過去從來沒玩過的遊戲。

回到公司後，我們左思右想了好幾天，完全想不出來，直到提案前一天，坐在車子裡趕行程時，看到路邊有一個乞丐，他的身後用繩子拖著一個塑膠盆在乞討，忽然間靈光一閃，想到一個很棒的企畫，立刻設計出一款遊戲，最後成功拿到了這個案子。

這項遊戲是讓員工分隊玩接力賽，一隊十個人，同時有六隊在競賽。每位跑者在跑的時候，腰上要綁著一根繩子，後面拖著一個塑膠箱子，上面放一顆球。從A點到B點邊跑邊拖，拖的過程中，球不能掉出來，繞一圈回來後，才能換下一棒。若是途中球掉了出來，就要派一個救火員把球救回來，最後看那一隊跑得最快，就是贏家。

　　遊戲中在箱子裡放一顆球，那顆球代表的就是「團隊」，跑者在跑的時候不能太快，太快的話，「團隊」會跟不上速度，就掉了出來；也不能跑太慢，太慢就會輸給對方。它的意義是帶領團隊的速度要剛剛好，更深層的意涵是團隊成員的關係要夠緊密，對快慢有共識，跑得最剛好的隊伍，才能得到第一名。

　　還有一次替一家公司

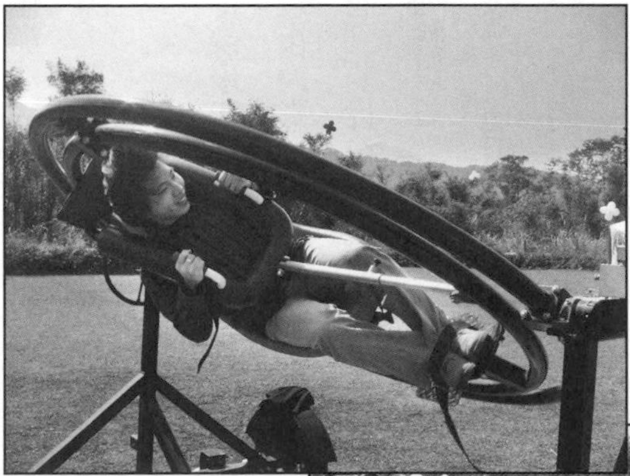

▲▶ 360度太空體驗器（上圖）和人體保齡球（右圖），都是特別從國外引進的創意產品，刺激又好玩。

辦尾牙時，客戶要求我們想個辦法，讓員工在最後摸完彩後，不要急著離開會場。因為通常在活動即將散場之際，很多人會跑到靠近出口的地方，只要一聽到大獎不是自己，便立刻閃人。

如果要留人，要怎麼留？後來我想到：在員工進入會場時，偷偷的將每個人拍下來，拍完後還會修圖。在最後摸彩抽大獎的同時，舞台背後的大螢幕開始投影每一個人進場時的臉孔。員工看到照片後，就會期待下一個人是誰，並且找尋熟悉的同事。最後，再將所有員工的臉以蒙太奇手法，排成公司的LOGO。

這個想法是我在華碩北投分公司看到的，一進入他們的公司大廳，就會看到用主機板組合而成的《蒙娜麗莎的微笑》。我第一次看到這張圖時就想著：是否可以用照片來排列成某個圖案？

我至今仍然要求員工，就算是舉辦多年的活動，每一年仍然要提出新的想法及創意。有一家客戶十一年來都給一筆預算，好在「家庭日」時包下一間遊樂園。去年我們提出新的玩法，這一次不再包遊樂園，而是去租一塊空地，將遊樂園的設施，如旋轉木馬、咖啡杯、碰碰車等，搬到這個場地來玩，並且另外設計一些新的攤位，讓活動有新鮮感。

另一家公司的尾牙也交由我們舉辦多年，今年我們推出非常新穎的主題——賽車風，將活動現場布置成賽車場，有跑道、再租一輛超跑，讓董事長穿上賽車服，搭著超跑進入會場，象徵他帶領公司，以超跑的速度衝向嶄新的一年。

和我們合作的大多是老客戶，有些遊戲已經玩到非常膩了，若是不想出一些新的花樣，飛虹就會被市場淘汰。這是一間企業必須要體認到的現實，我們**絕對不能因為自己的市占率有多高、活動辦得多成功，和客戶的關係有多深，而停止創新和進步**，如果這麼想，那就是太天真了。

> 絕對不能因為自己的市占率有多高、活動辦得多成功，和客戶的關係有多深，而停止創新和進步。

第七節
創新不能始終來自老闆

雖然大家都知道創意來自於生活裡，卻不是每個人都能觀察到它的存在，為什麼我能夠很輕易的將生活周遭的事物，化為好點子？那是因為我已將發想創意的念頭深植心裡，當我看到任何東西，就能立刻將它與客戶要求的某項創新遊戲連繫起來。倘若一個人沒有在心裡培養那個念頭，你看什麼、就不是什麼。

創業前幾年，公司的提案大多是我在負責，也由我向客戶簡報，隨著公司規模越來越大，一定要讓員工也能創新。飛虹很鼓勵員工創新，為了養成員工隨時隨地都能發想創意的習慣，內部會有不定時的創新大會，在全體動員下，每天至少都會誕生一至兩個很好的想法。

我非常重視創新，它是贏得案子、讓客戶認同、提高業績關鍵。感動、細心、細節是活動中必備的基礎，創新則是我們未來要面對的最大挑戰，因為若是接不到案子，連執行都談不上。在商場上，永遠都會有廠商想要進來分食大餅，近年來有不少企業集團積極進入，我們唯有把創新這塊做穩，才能保持永遠不敗的地位。

因此，近年來向各產業招聘人才，包括廣告、行銷、展覽、會議、會展等，並讓他們提出各種創新想法。現在更進一步的做法是，即使員工提出的創意在向客戶提案時不被採用，我也不在乎，因為勇於挑戰和嘗試，才是最難能可貴的，並且要將創新變成企業文化的一部分。

但是，究竟要怎麼做？答案是：它必須藉由每天、每週、每月反覆的要求，讓員工將它視為一種工作上的態度。

去年一家生前契約公司邀請我們去提案，他們希望民眾不要再害怕提起死亡，因為一般人總覺得這件事很晦氣、很避諱。為了讓民眾願意接受生前契約，他們想辦一場展覽。

有一位員工想出一個很好的創意，內容是將展覽現場規劃為「天堂」和「地獄」兩個部分。參展的民眾一進入會場，抽籤決定你要去「天堂」還是「地獄」。抽到地獄的人，會有使者帶領你經過奈何橋，再進入地獄的世界，包括上刀山、下油鍋，在這些關卡，設計各種闖關遊戲；抽到天堂的人，會有天使前來迎接你，享受美食、音樂等等。我們還要求該公司重新設計LOGO，將它改成微笑標誌，代表圓滿和喜悅。

中階主管聽到我們這麼有創意的提案後，非常開心。但是，案子到董事長那裡就被打了回票，那位主管還被罵了一頓。董事長說：「什麼天堂和地獄？還沒死就讓你上刀山、下油鍋，這樣客戶怎麼會敢和我們簽約？」生前契約公司很傳統，無法接受如此創新的嘗試。儘管提案沒有成功，但它代表著飛虹勇於拿這項創意，去試驗市場的反應，這才是最重要的事。

在創新這件事上，可以看出飛虹的變化，過去我和員工想出很多不錯的提案，當時認為，一個好的提案本身，必須要獲得客戶的認同並且被執行，就像鄧小平的那句名言：「不管黑貓白貓，會抓老鼠的就是好貓。」但現在我不這麼覺得，只要公司內部從上到下，都認為某個企畫提案是很好的創意，內容十全十美、無懈可擊就可以，不見得要得到客戶的認同才叫好提案。

重金獎勵，倒茶小妹也可以提案

我甚至可以說，飛虹現在的格局已經超越了市場，我們對活動的規劃、想法，走在市場的很前面，其中部分原因也在於：我們不以接案為主。

近年來都是客戶捧著案子請我們接，幸運獲得好客戶認同，有時候不接，還會被客戶抱怨：「你們很跩喔！現在做很大，就可以這麼大牌。」其實完全不是這回事，而是因為做到這個程度，要挑戰的是更困難、更有趣的創意，要提高辦活動和看事情的格局。如替生前契約公司提「天堂和地獄」，儘管無法得到客戶的認可，並不代表這項企畫本身是不好的，而是現在的市場還無法接受我們的創新。

跳脫別人的認可，堅持己見的走著「它是最好的創新」的這條路，是很重要的內部訓練。為了讓創新成為公司的企業文化，以及職場氛圍，進入公司的每一位員工都可以提案，我們鼓勵總機、倒茶小妹、助理等人，不論職位高低，隨時隨地都可以發想創新提案構想。

要磨練這樣的創新態度，是企業經營裡面最困難的一件事。然而，只要能培養出這種無時無刻不在創新的工作氛圍，日後不論我們遇到多麼刁鑽的客戶、多麼困難的提案要求，都能夠立刻想出很好的創意。靈感需要被啟發、必須用制度去鼓勵、去刺激員工往前走。短期看來，為了創新，公司投入很多的成本，但從長遠來看它是好的。

現在只要有任何員工提出的創新構想，經過內部評估後認為「這個想法很不錯」，就會放入未來的提案庫內，就算沒有被執行，他也可以獲得五百至三千元的獎勵。若是創新構想被企畫寫出來、並且執行了，依照專案的大小，他可以再獲得額外的獎金。例如一百萬元的案子，他可以拿到一、兩萬元的提案獎金。若案子執行得很好，再依照團隊功勞加發執行獎金，並且記嘉獎、大功等獎勵。

這件事也會反應在個人平時的績效、年終考績，以及未來的升遷機會等。表現好的員工，除了當年度每位員工都可以領到固定二至三個月的年終獎金外，還會提供額外的績效獎金給他，通常最多可以領四到六個月。現在飛虹最厲害的企畫提案「獎金王」是企畫部經理，他拚了命工作、拿了很多獎金，也是目前公司年收入最高的員工。

會有這番體悟是在二〇〇八年，當時發現市場上已經無人能和飛虹競爭，我們反而常被同業當成是假想敵。站在頂峰，只有自己才是自己的對手，要超越自我，絕對不是去辦更多活動、賺更多錢，而是去做難度更高的企畫活動案，挑戰自我。

即使員工提出的創意在向客戶提案時不被採用，我也不在乎，因為勇於挑戰和嘗試，才是最難能可貴的，並且要將創新變成企業文化的一部分。

第4章

惟戒慎恐懼者得以生存

第一節

因為不安全感而擴張地盤

我認為布局事業要有長遠的想法，要捨得投資，不論是人力或硬體。因此，公司第一年賺到錢後，我就拿出來分給員工；第二年、第三年都是如此，甚至有一年台北分公司經理的年薪比我還要高。而在創業的前幾年，我的存款裡經常最多只有十萬元，這件事完全不誇張。

幸運的是，到了二〇〇五年，靠著員工們的努力拚搏，飛虹已經在竹科占據重要的位置，當時的我亟力思索下一步，決定趁著對手還沒有發現之前，將事業版圖擴及全台。

那一年，我二十五歲，還不算成熟，會有這樣深思熟慮的計畫，最主要的原因在於「不安全感」，對任何事情我都會未雨綢繆。這一點可以從小時候看出，國小時我賺到零用錢後會犒賞自己，當時的方式是買較貴的巧克力，卻因為太珍惜、捨不得吃，把巧克力擺到壞掉，只好忍痛丟掉。雖然這樣做並不正確，但那是我的個性，喜歡儲存，並且為未來打算。

我在用人時，也不自覺的會受到這個習慣的影響。錄取一位員工時，我會想：今年能用這個人，明後年呢？他能不能擔當重任？最近公司新進一位二十四歲男生，他在工作上很努力、用心，可是極度沒自信，和我講話時他的手會發抖。

我告訴他，你可能沒辦法承受很大的壓力，因為你現在做的是雜事，以後會執行專案、服務客戶，若是這樣沒自信，如何當好承辦人？我認為這份工作他頂多只能做一年，第二年就待不下來，所以我現在就要考慮是不是要繼續用他。

既然以這樣的角度來思考事業，那麼飛虹在竹科站穩腳步後，勢必要走出去，而第一個拓展版圖的地方就是台北，我決定到內湖科技園區設立台北分公司。早在二〇〇二年，經濟部就已經提出廠商到內湖科技園區設立「企業營運總部」的政策，在政府的積極推動下，加速了科技廠商到內科的聚落效應，也奠定它成為「台北矽谷」的地位。

當時我已觀察到，台灣科技產業運籌帷幄的重鎮，已有逐漸從新竹科學園區移至台北內湖科技園區的跡象，尤其是台灣高科技產業前一百大企業陸續進駐，包括明碁、光寶、仁寶、台達電、華寶等知名公司，都將全球運籌總部設在內科。

科技產業北移，飛虹勢必要先攻城掠地。二〇〇五年初，我單槍匹馬到台北成立分公司，在內湖辦公室旁租了一間小套房，方便我每天四處拜訪潛在客戶，為爭取時間，還天天吃同樣的便當；為了快速達到效益，台北分公司一成立就請了五、六名員工。

台北，我來了

來到內科後，我發現在地市場沒有想像中來得大，然而，台北地區的企業確實不少，如電子五哥——鴻海、廣達、仁寶、華碩、明基，都在大台北地區。儘管我當時不清楚客戶在哪裡，卻始終知道必須要來台北發展，若因為擔心初期的虧損而離開，以後就再也回不來了。因為市場不會永遠跟現在一樣好，新竹科學園區也不會永遠是台灣最大，後來也證實如此，像現在台積電、聯電尾牙已經不請大牌藝人表演，取而代之的是富邦金控等金融、傳產業，紛紛舉辦大型尾牙拚場。

如果我安於竹科，並沾沾自喜於「竹科最大」的成就，無疑是將自己的格局看得太低了，飛虹要走出去，台北絕對是要攻下的地盤。但剛開始的前半年很辛苦，一個案子也沒接到，我那時是透過客戶介紹或陌生拜訪，即使有機會去提案，也爭取不到，因為公司才成立三年，經驗沒那麼豐富。即使如此，每個月還是要繼續支付固定的管銷費用，半年就自掏腰包貼了三百多萬元。

後來，我終於接到第一家客戶。捷元電腦找我們辦尾牙，因為他們覺得飛虹特別刻苦耐勞。

尾牙地點在劍湖山王子大飯店，光是從台北坐車過去就要兩個多小時，一趟場勘來回就要花五個小時。第二家找我們的是建國工程，總經理是我在智邦做案子時的主管，他是個很有想法的人，那一年，他們包一列火車到台東知本老爺飯店舉辦尾牙。

那場尾牙，從白天就在火車上展開活動，我們讓員工預測今晚的頒獎典禮得獎者是誰，包括「最佳年度業務」等，猜中的人就能抽獎。總經理還將自己打扮成列車長，一車車的剪票。到了台東，進入會場後就是我們搭建的「星光頒獎晚會」，規格如同金馬獎頒獎典禮——那是一場很有創意的尾牙。

做完這幾個案子後，再去向其它公司爭取案子就容易了，一年半後公司經營逐漸打平，現在台北分公司營業額已經超過竹科，是飛虹最主要的市場。台北分公司大約在半年後發展開始平穩，於是我回到新竹，並從外面請來一個在活動相關業界頗有經驗的人擔任經理。

他進來公司後，確實發揮了專業，但在年終考核時，一位台北的員工向其他同仁抱怨，不想讓這位經理考核他的評比。話傳到我的耳中，我覺得事情好像有些蹊蹺，因為我知道這位員工是個道德標準很高、而且非常自律的人，他會這麼不認同這位經理，表示其中一定有問題。

於是我約談幾位台北分公司的員工，才知道這位經理在外私接活動，還大膽的帶著飛虹員工去執行。當下我立刻召集一級主管，開車飛奔到台北找他約談。他雖然當場認錯，但是信任一旦被破壞，就很難再恢復，所以我請他立刻離職。

南北兩樣情，台南遭遇滑鐵盧

緊接著，我又將戰線拉到南部，二〇〇六年時，在台南科學園區成立分公司。當初成立台北分公司是由我獨自打江山，但到了台南時，狀況已經不一樣，我必須站在領導統御的位置。

基於台北分公司的背叛事件，這次我事先培訓一位主管，讓他跟在身邊工作一段時間，培養革命情感後，再派到他到分公司擔任經理，而我每週赴台南出差一、兩次，拜訪客戶及簡報。和台北分公司最大的不同是，到台南之初就接到幾個不錯的案子，公司也有獲利。

就在以為一切都很順利時，沒想到災難才正要開始。由於南部市場和北部完全不同，所以南科分公司第二年就開始賠錢。

北部多數是科技、金融產業，又是「企業營運總部」，舉辦活動的規模比較大，金額也比較高；而南部企業大多是傳統產業，對成本的控管較為嚴謹，加上在地人消費習性較為勤儉、樸實，若是請廠商辦活動，規模通常不會太大，還會一而再、再而三的殺價，利潤少得可憐。

甚至到了提案時，有的客戶已經替我們算好成本，他們會很直接的說：「這個活動是一百萬元，但成本只有八十萬元，你們用九十萬元接可以嗎？」若是遇到這樣的客戶，我們大多會拒絕，因為若做下去，最後會被砍到只剩下七十萬元。

到了二〇〇八年，金融海嘯讓我們不堪連虧三年，才決定關掉台南分公司。二〇一三年，公司一位很優秀的資深幹部 Timmy，因為結婚的關係，必須搬到高雄住，所以我們決定在高雄成立分公司，並交由他經營。Timmy 是公司執行力最強的員工，話不多、很認真、很細心，交給他任何案子，從來都沒有出過錯。他的步調不快，高雄也很契合他身為南部人的慢活個性，雖然南部客戶不多，但只要是由他服務的客戶，都會佩服他的專業和執行力，最後都變成死忠的老客戶。

可以說，在二〇〇六年，飛虹已成功的將版圖拓及全台，兩年後更成為全台最大的公關活動公司，合作的廠商是全台知名企業，包括台積電、聯電、宏達電、聯發科、力晶、群創、富邦、渣打、泰山等，涵蓋高科技、金融業，傳統業，參與活動人數的規模少則千人、多則萬人。公司能夠舉辦如此大型的活動，代表著我們無論在制度或規模上都很成熟了。

儘管我當時不清楚客戶在哪裡，卻始終知道必須要來台北發展，若因為擔心初期的虧損而離開，以後就再也回不來了。因為市場不會永遠跟現在一樣好，新竹科學園區也不會永遠是台灣最大。

第二節

那一年企業都不辦尾牙……慘了

我很看好飛虹的前景，二〇〇九年時也覺得：「好不容易苦熬了六年，今年應該可以開花結果，將獲利放在口袋了吧！」沒想到，全球卻在無預警的情況下爆發嚴重的金融海嘯。

二〇〇八年四月，竹科開始感受到來自全球低迷的景氣，而且每況愈下，到了二〇〇九年時，經濟更是奇差無比。有一天下午，我搭乘高鐵到南科拜訪客戶，在接近傍晚時分抵達園區，卻連一輛轎車都看不到，更不要說是載貨的大卡車了。

當下覺得很不對勁，打了通電話問客戶，他先向我抱怨今年的景氣實在太差了，接著又說公司的尾牙決定取消。回到新竹後，我和幾位熟識的客戶連絡，他們也不約而同的告訴我，金融海嘯的影響很大，他們對經濟的前景都不是很樂觀，而首要的因應之道就是：裁員。

原本還很開心的準備迎接公司起飛，卻忽然遭遇到前所未見的挑戰。風暴一旦產生，所有公司就在一夕之間全掉進了懸崖。不僅市場風雲變色，連原本已經談好要辦的活動也全部取消，有些公司甚至連活動窗口都被裁員，聯絡不到人。尾牙向來是飛虹一年中最主要的收入來源，約占五成，若是企業不辦尾牙，等於是將公司的獲利全部吃掉。

我很擔心，努力思考著下一步該怎麼辦：「若是尾牙取消，要裁員嗎？」如果裁掉一半的員工，公司也許還能撐下去；若是不裁員，則有可能會倒閉。這個抉擇相當困難，謹慎思考了三天後，我最後選擇用問心無愧的方式來面對：不裁員，和員工一起度過低迷的景氣。

我的想法很單純，這樣做至少沒有對不起任何人，若有一天失敗了，好歹晚上睡覺也睡得安穩。否則就算公司沒有失敗，我卻做了一件昧了良心的事情，以後也可能耿耿於懷。

於是，我將身上所有的財產，包括媽媽給的房子以及車子，全拿去銀行抵押，並且計算公司的流動資金，還有清算手中能運用的錢。最後評估，若是二〇〇九年上半年努力接一些小案子，公司應該還能撐到八月。

上班時，我將同事集合起來，告訴他們若情況再繼續慘下去，可能要開始休無薪假。幸運的是，這件事情最後並沒有真的發生，那一年我們很努力的四處接案，加上有些企業的營運狀況還是不錯，如宏達電、聯發科、華碩等，他們的尾牙照常舉辦，雖然規模縮小，卻能讓飛虹的營業額低空飛過，躲過迫在眉睫的困境。此時南科的營運狀況一直都不是很好，便決定關掉。

二〇〇九年公司雖然沒有虧錢，卻感受到前所未有的震撼，原本還以為飛虹的前景一片光明，卻在即將起飛之際墜落。景氣，著實替我上了一堂很扎實的震撼教育：人在高處時，就要隨時想著可能隨之而來的風險。這些挑戰也許不是做好準備就能掌握的，還有更多無法操控在自己手中的變數，所以在經營事業的時候，更要謙虛並且經常自省。

女友離開，痛定思痛中重生

在私領域上，那一年，即將論及婚嫁的女友決定離開我、嫁給別人，這件事情讓我受到很大的打擊。在創業後不久，我就邀請她來公司幫忙，她在這裡工作了五年，兩人曾經是最親密的夥伴，但因為我太專注在工作中，難免忽略了她。

被女友離開與事業危機這兩種情緒夾殺，那段時間讓我對未來相當恐懼，要克服種種負面情緒、要帶領公司做出正確的決策、要思索如何繼續往前走……同時，又有一種不甘心，覺得自己好不容易辛苦了好長一段時間，以為要迎頭起飛時，卻被一桿子打翻，可能我真的沒那個命、可以將賺來的錢放在口袋吧？

金融海嘯的打擊是前所未見，它對景氣的影響更勝過SARS。幸好，處理低潮對我來說不算是難事。可能因為個性上習慣孤獨，加上又是個工作狂，經常一個人在公司加班，下班往往是十二點過後了，一個人看著人車稀少的街景，獨自開車回家，我很習慣活在自己的世界裡。

那幾年，我幾乎將公司所有獲利都拿來拓展業務，不做額外消費，總之，歸零後再重新開始，就這麼簡單。在短時間內，我就克服了內心的負面情緒，帶領團隊繼續奮鬥。

終於，經濟在低谷慢慢復甦，我們也跟著企業辛苦了一段時間。之前，飛虹在竹科極負名聲，承接的大多是高科技公司家庭日、尾牙等活動，我們的一級主管也只有在一千萬元以上的活動才會親自出馬。現在為了生存，只要有企業願意辦活動我們都接，而且不計價格，一場十萬、二十萬、三十萬元，都不辭勞苦，有些工廠的活動還辦在非常偏僻的地方。

前幾年活動很多時，若是新客戶的預算只有五十萬元，我們是不會接的；還會考量舉辦的地點，若是太遠，執行一場案子在人力及物力上不划算，就會推掉。現在則是卯足全力，金額再小、地點再遠都去。當時執行的案子，不論在規模上或是格局上，都與過去有很大的差別。

而在二〇〇九年初，替華碩辦尾牙時，董事長施崇棠在台上的一番話對我有很大的鼓勵。他說：「我會痛定思痛，誠實面對考驗。」並用《哈利波特》作者J. K.羅琳在哈佛畢業典禮上的演講勉勵員工：「失敗是人生最珍貴的經驗，可以把自己扒光，認識自己和內在堅強的意志，學到智慧與勇氣。」

和這些一流企業共事，讓我知道，在經營的過程中一定會遭逢困境，我們只能低著頭努力工作，接受來自四面八方的挑戰，並從中學習如何不被困難擊倒。金融海嘯也讓我領悟，人站在高處時，要常低頭思考困苦，還要警惕自己，永遠都要準備好B計畫。經過這次事件，公司現在的現金流非常充裕，就算兩年都沒有接到生意也不會倒。

同時，我也感覺到來自市場無情的挑戰，老天爺若是真要斷我，在那一年祂可以滅絕我，但是祂給了我重生的機會。金融海嘯之後，許多活動公司因不敵景氣而倒閉，市場重新洗牌，飛虹也猶如浴火鳳凰，邁向另一個新的里程碑。在那一年，我們決定挑戰另一個更大的市場——到中國大陸辦活動。

人站在高處時，要常低頭思考困苦，還要警惕自己，永遠都要準備好B計畫。

第三節

前進大陸，過程心驚膽跳

二〇〇九年景氣奇差無比，在心裡最絕望之際時，我決定開拓另一個新的戰場：到中國大陸辦活動。

過去幾年竹科有許多企業已經前進中國大陸，並設有工廠，我思考未來若想要在這個領域生存下去，活動的規劃及範圍勢必是以大中華區域為主。這也是當時我唯一能想到拯救公司業務的作法。在一次和客戶聊天過程中，聊起未來規劃，透露想去中國大陸小試身手，並向他表達積極的意願。

許多公司赴陸設廠之初，決策權仍由台灣高階主管決定，其中一位客戶提起，他也想在中國大陸舉辦台灣式的尾牙。他說，公司在廣州有上萬名員工，這些員工大多來自農村，從來沒看過台灣尾牙，也沒讓員工有過輪流上台表演的體驗、或是看現場的樂團演奏、互動遊戲等。

對他們來說，台灣的尾牙很新奇，又趣味十足。尤其工廠員工從來沒有在舞台上表演，若要他們分組輪流在台上唱歌、跳舞，是會把他們嚇死的。我還記得那一年最流行的是韓國團體 Super Junior 的〈Sorry Sorry〉舞，在台灣的尾牙上，每家公司都在跳這首歌。

我和這位客戶聊得很開心，加上想法相近，於是兩人一拍即合。接著他告訴我，這場活動一個月後要舉辦，時間相當匆促，但我仍然立刻答應。

回到公司後，卻遭到所有員工

▲ 上海環旭尾牙，讓中國人感受到台式尾牙的魅力。

反對，他們認為這個案子不可能執行，因為只剩一個月，加上之前完全沒有在中國大陸辦活動的經驗，沒有人去過廣州，甚至一家廠商也不認識。

「所以我們不要開公司了。」我很生氣的說。

「沒那麼嚴重。」他們回答。

「就是這麼嚴重。因為你永遠都在為覺得自己做不到的事情而擔心，卻從不去實踐、不去挑戰，哪裡又會有機會產生？」

「不是，要有充裕的時間。」

「機會出現時，會給你更充裕的時間去準備嗎？還是說一旦機會來了，不要先討論準備好了沒，反而好好認真的思考，能不能搏到這個機會？」

那時一位硬體部男同事有台胞證，公司便派他去場勘。我告訴他，現在飛虹有一個到大陸辦活動的機會，對公司來說這是全新的領域，如果成功抓住它，也許我們的未來無限可期，而如果有一天公司能夠到中國大陸發展，你就是最大的功臣。

其實這位員工在二〇〇七年曾離開公司去當房仲，金融海嘯時生意很差，我問他做得好不好，如果不好就回來。他再度回到飛虹後，向心力很強。

於是不到四十八小時，他就拿著台胞證，一個人飛到廣州，再辦落地簽。兩週後，公司一批人飛去做彩排、教工廠員工跳舞。直到活動前一週，另一票人再飛去做所有軟硬體的最後確認工作。

大陸工作「問題不大、麻煩不小」

在大陸工作無奇不有，那時為了節省經費，住在較平價的飯店，有一天睡到半夜兩、三點，忽然一對男女開門闖進來，連燈都沒開就直接撲到我的床上，把我嚇死了；還有一次打開浴室水龍頭，流出來的水是黃色的；一位員工肚子餓，在街上買了一顆包子，咬了一口卻咬到石頭、門牙斷掉。

除了生活上的問題，到中國大陸辦活動時遇到的困境也令人難以想像，例如在廣州的那場活動，台上的人跳舞跳得太 high，舞台竟然在搖晃，我們在後台拿了兩根鐵柱去頂住。表演到一半，燈也快塌下來了，再找一個人拉著繩子綁住、撐著；最後即將要結束時，音響忽然沒聲音——因為師傅睡著了，我們只好自己去弄音響。

整個過程心驚膽跳，只有舞台前的人不知道發生什麼事，很高興的吃飯、看表演，殊不知舞台後面的人，整顆心都懸在那裡。直到活動結束，我們才卸下心中的重擔。後來我帶大家去吃宵夜，結果所有的人都沒胃口，因為那實在是非常挑戰體力及耐力的一個夜晚。

為了開拓大陸市場，我在崑山

▲ 在中國大陸辦活動，環境、人數、天候都是飛虹前所未有的新挑戰。

成立分公司，專門承辦台商活動，也到崑山住了一段時間，體驗當地生活。在中國大陸辦活動的困難包羅萬象，因企業工廠大多處於較偏遠的地區，辦活動前不但要先了解廠商的需求、喜好，還要找尋適合的活動地點和能夠配合的硬體廠商，在市場調查的部分就要花費許多心力。不要以為飛虹在台灣很專業、經驗很豐富，去了中國大陸一樣得從零開始，當摸索到一定程度後，再導入原來的專業，才有可能成功。

為累積經驗，初期我們在當地的經營模式與台灣很像，不放過任何案子，即使是幾十萬元的案子都接，想要做出口碑、順便練功、熟悉當地活動市場。像是聯發科在大陸的活動，由我們替他們在安徽的工廠舉辦，光是從上海搭車到安徽開個會、討論活動內容，來回就要花十六個小時。

大陸人做事也很隨興，上午打通電話說：「你們今天來開會吧！」等我們抵達時已是下午，開完會再回到上海就已經是晚上了。城市間的距離很遠，而這個案子又只有五萬元人民幣，以這麼低的價格接下兩百人的活動，不僅無法獲利，還小賠。但為了長遠計畫，我還是硬著頭皮接了。後來，北京聯發科的活動也找我們辦。

飛虹也曾在深圳等其它城市辦過活動，當然，大陸本地的廠商很難控管，他們在談一件事情能不能做得到時，如果說「好」，其實就是「不好」；說「不好」其實就是「好」。如何判斷並做出正確的抉擇、同時把活動的風險降到最低，是很大的挑戰。

因地制宜，企業教育訓練也是條出路

奇事不只這幾樁。我們曾和在地廠商配合一場活動，到現場發現喇叭發出來的聲音很奇怪，仔細看才知道是「山寨喇叭」——外表做得很像喇叭，但事實上只是一個空殼，裡面只有個設備很簡陋的音箱。

另一回在上海環旭電子辦尾牙，剛好遇到下雪，當地人習以為常，但對來自台灣的我們卻是不曾遇過的狀況。當活動結束要撤場時，才發現當地客戶忘了找撤場廠商，沒有準時撤場就要按小時罰錢，於是我們一群人在下著雪的冬季雪地裡，將

七、八千張椅子搬到場外，成為一輩子難以忘懷的經歷。

還沒去中國大陸以前，我曾設想這裡是一個無限寬廣的市場，它也確實是，問題只在於是否適合我們去發展？這裡的市場一直在累積，而且速度非常快，他們的硬體遠勝過台灣好幾倍，人才比我們多，還有很多國際級公司到那裡成立分公司、訓練當地人才。

飛虹的專長是辦尾牙，然而中國大陸的企業並不像台灣，將尾牙視為一項固定傳統；那裡有著不利於台商的法規，例如他們的稅率是

▲ 中國大陸市場的確龐大，但這裡適合飛虹發展嗎？

二五%起跳，許多廠商因此不願意開發票，有很多費用不能報銷；還有請的幹部及員工是否值得信任等。眾多問題，讓我不得不去思索，未來是否要在當地做飛虹原本就擅長的活動？或是應該發揮本業以外的專長、發展其它事業，例如承辦企業的教育訓練？

近年來，除了原本就很擅長的企業活動、大型路跑、政府節慶型活動等，飛虹也替企業做內部的教育訓練，由我為員工上課，講授的課程以職場態度為主，分享的大多是自身經驗。我會和他們談到「工作其實就是創業，態度才是人生關鍵」，希望他們聽完演講後，可以有所啟發，同時激勵或扭轉他們對工作的觀念。

在全世界，大型演講者多半都需要有成功經歷，不過這並不是說我現在很成功，而是我的人生經歷對大家來說相當特殊，因此可以和更多人分享，達到一定的成效。未來，我還想對一般大眾開班授課，提供他們對生命及工作更多的思考。這件事，或許也很適合在大陸進行。

如果你永遠都在為覺得自己做不到的事情而擔心，卻從不去實踐、不去挑戰，哪裡又會有機會產生？

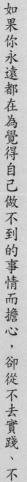

第四節

我們的案子絕對不簡單做

二〇〇九年的挑戰很嚴峻，景氣打趴了很多同業，當市場漸漸恢復生息後，才發現能夠辦活動的只剩下飛虹，大部分體質不佳的同業都倒閉了。雖然忽然間少了很多競爭者，但是困難還是存在，因為要有足夠的能力及人力，才能吃下這麼大的市場。幸運的是，過去六年花很多時間在練基本功，除了投入不少資源在員工身上，在客戶之間更締造很好的口碑。二〇一〇年第一季公司業績忽然大翻轉，接下來每年以近倍數的速度成長。

我並不會因此志得意滿，過去曾替上千家企業舉辦活動，看過無數政治人物、企業大老闆從繁華到落魄，這些人都是借鏡，我會把他們記下來、內化為自己精神意識的一部分，絕對不只是一齣連續劇，看完就算了。

當飛虹成為業內最大的公司，要做的事情及格局就要有所不同。此時，別人能做的事情，我們都能做；我們能做的，卻是別人做不了的。去中國大陸設立分公司時，已經料想到未來的案子一定是以大中華區出發，因為許多廠商在中國大陸設廠，在尾牙、家庭日或運動會時，勢必要有一個主題去維繫彼此的關係，例如主題是「齊星匯聚」，就用它串聯兩岸的尾牙，也有些公司在兩岸同步進行尾牙。我們的格局和視野已經不只是在看台灣，必須將自己定位為國際公司，以亞太區、大中華區為主，並挑戰全世界或亞洲最大。

這個階段要做的不是辦更多的活動，而是要超越自我，做台灣無人能辦的活動，例如在二〇一〇年五月接下「聯電三十週年慶」活動，同步做五個現場連線，包括新加坡、日本和美國（預錄）、竹科、南科等，活動以「全球聯電，心手相聯」為主題，為串聯起各地員工，其中有一個活動是「心手相連」，我們用年輪的概念、讓員工依照員工編號排列，手牽手繞著台上的長官圍成圓圈，一圈又一圈，同時透過網路視訊到新加坡、日本，當地員工也手牽手繞圈圈，最後一起唱生日快樂歌，再放煙火。這是目前為止做過最多國家的連線活動。

想要挑戰難度更高的活動，執行起來並不容易，俗話說「吃得苦中苦，方為人上人」，這句話與做事業是一樣的道理，做人家不敢做、不會做，且無法做的，企業的格局才能達到一定的程度。如果我們做的活動仍然是人家會做的，這樣就沒有意義了，所以才要不斷的突破自己。

我們擅長讓不可能的案子成為可能

其實飛虹自成立以來，執行的很多案子都沒什麼人敢來和我們競爭，在二〇一一年十二月十三日舉辦的「群創大中華區路跑」就是一例。當群創福委會同仁邀集公關公司提出企畫時，很多公關公司聽完就走了，「謝謝，再聯絡！」但只要肯做，就是突破。

這場活動執行非常困難，因為要跑六個地方，從竹南總公司出發，跑到南科分公司，再串連至大中華所有廠區，包括上海、南京、龍華、南海，最後回到台灣，一共跑十五天。接到活動後，我們先請一位執行力很強的同仁去場勘，由他去規劃路線，他從來沒出過國，第一次出國就是去中國大陸。

在當地路跑，會遭遇很多意想不到的狀況，包括跑到一半遇到公安，他問我們「哪來的？」天氣也很多變，像是出太陽、下雨天等。有時前面被封路要繞路、跑在馬路上遇到車陣、經過的某些區域很臭……但是無論遇到什麼狀況都要保證，跑者手中拿的聖火不會熄滅。一路上更要安排人員騎著自行車、摩托車、汽車陪跑，醫護車也要隨侍在側，並有人全程錄影，回來後做成紀錄片。

接活動時，我不怕辛苦和難關，最重要的關鍵是回歸到自己，是否確定要做這件事情。只要把不可能的事情變成可能，把人家難以相信能做的事情變事實，就是成就感。

這場活動負責執行的員工繞了中國大陸五個省，回來後瘦了一大圈，回家後連他媽媽都認不出他來，但他很開心能有這樣的機會挑戰自己。做完這場活動後，我覺得雖然科技人設計活動時常會天馬行空，但若能將這些想法變成可行的活動時，它就會成為一個亮點。「群創大中華區路跑」連續執行了四年，每一年我們都加入新的想法，如二〇一三年結合公益，以愛心馬拉松的方式，贈送十台電視給台灣和中國大陸偏鄉弱勢學校。

夢時代大氣球遊行，全亞洲創舉

除了大中華區活動，我們也試著挑戰全亞洲最大的活動，這項創舉就是二〇一一到二〇一四年的「夢時代大氣球遊行」。這是全亞洲第一大氣球遊行，也是全世界第二大的氣球遊行。案子的金額不大，卻要動員極為龐大的人力去執行，因為現場有二、三十個大型氣球遊行，超過一千二百位表演者，活動地點在高雄統一夢時代廣場，還要有一定的行走路線。

「夢時代大氣球遊行」移植自美國梅西百貨的氣球遊行，但無論就器材面、設施面或規劃面，台灣都和國外有一定的落差，如氣球的製造，國外的品質真的比較好，在台灣做專業氣球的人很少。遊行時這二、三十顆氣球會搭配一組表演者及贊助商，第一年我們找了宏達電，那時他們剛推出蝴蝶機，於是做了一個蝴蝶氣球；玉山銀行的形象是招財貓，氣球就以貓為圖騰，再用打扮成貓造型的表演團隊。

活動細節很多，包括事前的籌辦、執行到廠商硬體確認等都很複雜。總計會吸引超過十萬名遊客來參與，想要讓所有的遊客都能看到氣球、聽得到現場音樂，將廣告效益發揮到最大，遊行路線的規劃就很重要，這些都是不小的挑戰。另外，每顆氣球都很大，一顆至少要有八至十位工讀生拉著，在事前要做好所有的教育訓練，也是難上加難，我們找了大約六、七百名工讀生，但現在的學生很難管，有人會抱怨或偷懶，遇到這些狀況，員工都要隨時在一旁處理。

因為活動規模太大，兩、三天前執行團隊就要到高雄做預備工作，那幾天他們通常沒得睡，甚至全公司員工都要停下手邊所

▲ 夢時代大氣球遊行中。一顆巨大氣球需要八至十人拉著才能順利移動，整場活動要順利進行，考驗主辦單位的功力。

有工作、動員執行，此時幾乎無法與外界聯絡。這場遊行是極大的挑戰，我願意承接是因為它有指標性，也是難得代表台灣的國際型的案子。

我也曾想跨界接大型演唱會，二〇一〇年也成功標到新竹市政府跨年晚會，那是新業務的嘗試。實際執行後發現**演唱會太容易了，不太有挑戰性**。公家機關辦活動考慮的是在預算內做到最大效益，例如用最少的錢請到最大咖的藝人，以及穿插安排政府的各式表演，如國小、各協會團體的活動即可。這種晚會約吸引四、五萬人參加，從晚上八點到凌晨一點，活動時間太長，加上與公司想經營的方向不同，後來再也沒接。

從飛虹近年來辦的活動可以得知，我們接下了許多高難度的案子，目的並不是為了賺錢，而是想挑戰自我。現在台灣有很多最大的活動及創舉都是飛虹做的，是因為我們有充沛的人力，能夠全省動員，這也是在全省布點的優勢。

過去曾替上千家企業舉辦活動，看過無數政治人物、企業大老闆從繁華到落魄，這些人都是借鏡，我會把他們記下來、內化為自己精神意識的一部分，絕對不只是一齣連續劇，看完就算了。

第五節

看天吃飯？我必須比氣象局還精準

公關活動業的競爭很激烈，一直以來都有很多企業想要投入，包括旅行社、演唱會、活動、公關公司等，但是還沒有人成功，因為我們很努力在這個領域深耕，並且用「不是零就是一百」的態度，來看待每一場由飛虹執行的活動。我們提案永遠很到位，永遠嚴陣以待，仔細了解客戶的需求，從來沒有一刻鬆懈過，若不是用一百分的態度來工作，就很容易失去市場。

辦活動的壓力之大，不是一般人可以承受得了的，尤其創業時我才二十二歲，就要面對隨時都有可能發生狀況的家庭日、運動會、尾牙等活動，參與的企業員工與家屬，少則千人，多則萬人，即使是經驗極為豐富的業者，在承辦時心裡都會很有壓力。

所以當有人問我，沒接到案子會不會在意？其實不會，接到案子我只會快樂五分鐘，因為接下來要迎接的是更多的挑戰；接不到案子也只會難過幾分鐘，因為要想辦法再去接其他案子。

我的個性本來就比較「杞人憂天」，在活動前會想好所有可能會發生的狀況，盡量將出現問題的情況降到最低，所以我非常重視細節。但是說穿了，辦活動就是看天吃飯的行業——尤其是戶外活動。

我們過去是看國家氣象局的氣象預報決定活動日期，但他們是以一整個區域來播報氣象，無法精細說出某個特定區域的天候，很難精準的掌握活動當天的氣候；活動又是預先定好場地，若是在戶外舉辦，碰到下雨延期就非常麻煩。活動一延期又會和另一場計畫好的活動撞期，同仁要兩頭跑，活動品質會大受影響，有時甚至只能犧牲其中一場活動不接。

後來，我發現台灣出現了第一家天氣風險管理公司，便爭取和他們合作的機會。這間公司可以幫忙在舉辦活動的前兩週，精準的告知活動現場那一塊小區域的風向、風勢、濕度，包括午後會不會有雷陣雨，都能事先預測。若在辦活動前，我們能掌握到氣象的天候資料，就可以依據這些資料，準備當天應該注意到的細節。

這也代表，客戶可以更放心的將活動交給我，也能因此省下不少人力和物力成本。這些事情，都是企業經營中必須要思考到的變數。

「一百分或零分」的遊戲規則

活動業就是「一百分或零分的賽局」，沒有中間地帶。如果活動做到七十五分，看似差強人意，又好像及格了、過關了——沒有，它其實就是零分。

這是因為市場的競爭很現實，儘管你做對了一百件事情，只要有一件事情沒有做好，下一回就可能拿不到案子。「隨時以一百分的標準考核自己」，這才是飛虹在公關活動業中，能夠做到第一名的最關鍵原因，但知易行難，實際上要做到並不容易。

去年飛虹在一個使用了五年、再熟悉不過、非常安全的遊戲上摔了個跤，更讓我體會到，活動中只要有一個小小的失誤，即使其他部分做得再完美也沒有用，它就是零分。

那是一間企業的「家庭日」，那天我們照例推出一項備受好評的遊戲：讓幾支隊伍在高約二十公尺的氣墊上接力跑步。在氣墊上跑步的姿勢及動作和平常習慣不同，要有些技巧，這也是它好玩的地方。遊戲開始前，員工會先將氣墊吹好、道具擺好，再上場試玩幾次，確認沒有問題才讓客戶上場。

但那一次的活動中，一位年約四十、體型稍瘦的男子在接力跑時，腳不小心勾到氣墊的某個地方，以致他突然向前跌倒，不幸的是他跌倒的方向及姿勢不對，造成小腿和腳踝骨折。當下我們立刻啟動急救SOP（標準作業流程），叫救護車送他到醫院，並先支付所有的醫療費用。

這項遊戲向來安全，這是使用五年來唯一發生的一次意外，我非常慎重看待，並將它視為很嚴重的事情。開會檢討時，有員工說，可能是那個男人平時很少運動，關於這一點我也請教熟悉的骨科醫師，他說，三十五歲以後任何人不論平時有沒有運動的習慣，都很容易發生骨折，這是由於現代人的食物及生活方式造成的。

但是，不論原因是什麼，只要發生問題，就一定是我們的責任。在設想任何遊戲及活動時，都要做好萬無一失的安全措施，這是飛虹員工必須具備的基本心態，不能將錯歸咎於別人。只有願意承擔，才能做得更好。

而這場活動的負責人，辛苦了三個月，很用心的規劃，夜以繼日的努力，卻因為一個人無意間受了傷，就必須接受公司的懲罰，他的當年考績會被扣分，未來的升遷之路也會因此比別人慢了些。有些員工認為我的要求太過嚴苛，不應該只用活動中的一個意外來否認他三個月來的努力，但是我非這麼做不可，公司必須建立一套更完善的機制，未來才能走得更長遠。

儘管我們已經非常的小心及謹慎，然而很多事情不是永遠都能操縱在自己手中，所以絕不可因為熟悉而輕忽。每年公司都會推出新的遊戲及設備，如何兼顧創新及安全，仍是飛虹的一大挑戰。

只有願意承擔，才能做得更好。

第六節

這些大老闆讓我學到的事

很多人羨慕我的工作，因為外表看起來光鮮亮麗、可以和藝人和科技新貴共事，又能常常見到舞台上的大明星，例如五月天、林俊傑、蕭敬騰等人，每年都會見到好幾次；此外，還可以和無數科技業大老闆互動。

由於多年的交流，我確實交了不少名人朋友，但是我從來都不會因為認識這些明星或大老闆，而覺得自己有什麼不一樣——難道我的社會地位因此變更高？更與眾不同？並沒有。

看待每一件事情時，我很務實，認為任何人都不要羨慕、過度神話或物化他人，要懂得看每件事情更深沉的一面。和藝人相處後，我明白自己不夠才華洋溢，所以無法成為明星，而許多明星是天生反應很快、很會唱歌、很懂得搞笑和表演；接觸大老闆時，我也才知道，一個人不但要很謙遜、專注、認真，還要對知識保持飢渴。

十三歲時，我在社會的最底層工作，二十二歲因為辦活動有機會接觸到金字塔頂端的人，我覺得自己非常幸運，卻從未因此感到自滿或驕傲。就像一部印度電影《三個傻瓜》，這部片我看了十次以上，覺得自己和男主角蘭秋有很多共通點。我們都認為表象的東西是由媒體和大眾創造出來的，有很多人跟從，但它到底是不是事情的真相？自己應該對此有判斷能力。

我很認同台積電創辦人張忠謀說的：「年輕人應該要有獨立思考的能力。」在很小的時候，我就會質疑老師說的話是否正確，長大後聽到別人的意見，也會逆向思考：「事情真的是大家講的這個樣子嗎？」我一直打破別人認定的東西，沒有學歷和背景、沒有財力和人脈，但是我很努力學習，特別是在和這些大老闆接觸的時候，這種修練才是最真實的。

讓我印象深刻的大老闆有好幾位，如聯發科董事長蔡明介，他讓我了解經營企業要看的是未來，而不是現在。二〇〇四年，DVD市場景氣非常差，是多年來第一次出現停滯性增長，當時的報章雜誌也不斷刊載相關負面消息。但是在尾牙上，他非常專心參與活動，外界的風風雨雨和景氣的起起伏伏，似乎都無法干擾他。我認為他的思考已經超越眼前所發生的這一切。

仔細思考後，我明瞭到平凡人過的是眼前當下，企業老闆看的是未來五年的景氣週期。面對低潮，他不會有任何起伏，站在台上對著員工說話也能秉持平常心。這點對我有很大的啟發，也體悟自己必須改變。我當時才剛創業，脾氣非常不好，正是因為太在意眼前的一切。

二〇〇五年，BenQ剛合併西門子時，明基非常紅，在協助明基辦路跑活動時，我和友達的接待人員一起接待明基友達集團董事長李焜耀。當天的活動地點在寶山水庫，特別請來一位老師解說寶山水庫的歷史、供水範圍等，他很專注的傾聽和發問。我也因此深刻感受到，學無止境，人在有機會時都要努力吸收任何知識。

霸氣卻不失親切的郭台銘

而二〇〇六年一月，在苗栗舉辦的群創尾牙，是我第一次見到台灣科技首富——鴻海董事長郭台銘。因為投資群創，這場尾牙對他來說相當重要。記得第一次看到他時，我整個人都傻了，也有點緊張。尾牙那天我負責在舞台上協助他抽獎及頒獎，在事前接待和溝通流程時，他並不會因為我是一個毛頭小子而不理睬，雖然他全身展現出來的氣質是霸氣，長相也很有威嚴，卻有一股親切、隨和的氣息。

那一場活動由郭台銘親自摸彩，有五十幾位員工及家屬上台領獎。面對員工及家眷，他立刻變得和藹可親，好像是鄰家的長輩般，順手就抱起嬰兒合照，他也非常有耐性的和所有人合影。台下的員工也為老闆的表現感到敬佩，畢竟他是意氣風發、不可一世的科技首富，這樣的貼心舉動很能收服員工的心。他可能是認為，既然親自來參加活動，就要盡可能把事情做好。

見賢思齊，後來飛虹的業務拓展到中國大陸，我每一次辦完活動，不管再累都會請當地員工吃飯，做好我應做的事。

二〇〇九年替和碩舉辦尾牙，董事長童子賢也讓我印象深刻。那是和碩與華碩分家的第一年，股票表現並不是很好。那幾年尾牙，和碩一級主管都會聯手拍一支MV在現場播放，那一年他們跳的是韓國當紅的〈Sorry Sorry〉舞，女主管則表演另一個韓國團體 Wonder Girls 的〈Nobody〉舞。很多人以為童子賢帶領一級主管跳〈Sorry Sorry〉舞是因股價不好，向大家道歉，但其實他的用意是慰勞辛苦工作了一整年的員工。

尾牙結束後，和碩員工相繼離開會場，我看到五、六位喝的有點醉的員工走到童子賢坐的主桌向他敬酒，藉著酒膽有人問道：「董事長，你能單獨跳一次舞給我們看嗎？」他站了起來，現場立刻秀一段舞蹈的經典動作，他的舉動讓我吃驚。我可以感覺到他是真心感恩員工，他在一年一度回饋員工的場合，發自內心的表達感謝，也回應了員工的需求。這一點讓我相當感動。

二〇一四年十月，在板橋第一運動場替光寶舉辦四十週年運動會，也讓我見識到這家企業的平實。舉辦活動前，我們會事先詢問主辦單位，是否要替董事長宋恭源、總執行長陳廣中以及一級主管等人保留停車位。他們卻回覆「不用」，因為所有人一視同仁，先到先停。替大企業舉辦了十多年的大型活動，這是我第一次聽到這個回答，它讓我學會人要謙卑，並且與團隊及員工站在一起。

和這些大老闆及大企業接觸，我看見自己的不足，也提醒自己要見賢思齊。多年來我在無形中見到產業起伏，有些企業剛開始表現得很好，尾牙也辦得風光，主事者在台上說起話來意氣風發、不可一世；幾年後隨著景氣下滑，他們也從市場中消失，讓人不勝唏噓。

這些大老闆讓我體悟到，面對事業時必須要更加謹慎，懂得在收與放之間取得平衡；有些企業無懼景氣高低，依然堅守本業、持續至今，景氣低迷時他們沉潛，景氣好時就舉辦一場風光的尾牙慶祝。

生命有起有落，我們要學會用持平的心態看待一切。**做任何事情，只要全力以赴、盡其在我，不必太過在意成敗。**

第5章

別只是吃苦耐勞，要用SOP管理

第一節

吃苦耐勞是一定要的

公關活動公司是很辛苦的行業，需要耗費很大的體力，還要很有耐性。早期面試員工時，我會問他們：「為什麼想來飛虹上班？」如果他們回答：「辦活動很有趣、很好玩。」用這樣的心態來工作，那就穩死，這種人只要在外面曬一天太陽，或是搬一個禮拜的重物就不幹了，屢試不爽。

我二十歲在繼父公司當燈光音響工人的那段時期，非常辛苦，活動旺季通常在年底，也就是冬季的整整兩個月，我常常忙到凌晨才能回家，回到家後只能再睡三、四個小時就要起床，八點到倉庫搬貨、上貨，九點抵達活動現場。

晴天要曬太陽，雨天要淋雨，在馬路邊搬沉重的硬體，待所有設備定位後，才能在車子來來往往的路邊吃便當，還要不時應付遊民或幫忙發傳單。待活動開始，又要全程盯場，以免硬體出錯，有狀況也要馬上處理。結束後再拆掉舞台、收線、搬音響、放到車上，回到倉庫下貨。

有一天半夜吹著冷風、獨自騎摩托車回家，半路上眼淚就不自覺的流了出來，那是一種莫名其妙想哭的苦。那兩年媽媽每個月給我一萬元生活費，我沒有抱怨，因為這是家裡的事業，只能擦乾眼淚繼續再幹。

我很清楚辦活動需要付出的勞力和苦力，所以用人時有自己的想法，不見得會錄用學經歷背景很好的人，而是會用非常務實坦誠、就算不是很聰明卻很用心的人，也特別喜歡用身家背景沒那麼好的人，因為他們渴望成長、突破、有出息，想要更認真努力的學習，也更願意付出。

這個行業相當實際，講求執行力。初期公司員工不多時，每個人都要身兼多職，不但要動腦筋想創意、和客戶溝通，週末假日還要在戶外執行活動，風吹日曬都是免不了的家常便飯。女生如果怕曬黑、男生如果體力不夠好，基本上不適合從事這個行業。

在活動日前後幾天，更是很難得睡上一覺。前一天，我們會到現場裝設好大型硬體設施、完成測試，如果突發狀況很多，即使弄到三更半夜也得做完才能離開。

回家睡不到三小時，隔天一大早四、五點又要起床到會場準備其他工作，馬不停蹄的一直忙到活動結束，才能真正喘口氣。整場活動下來，經常是一整天都沒吃飯，直到活動結束後才驚覺胃已經餓到在痛了——這可能也是我一直胖不起來的原因。

起薪三萬二，福利同業無可比擬

公司初期沒賺太多錢，無法給員工很好的待遇，而且他們每天的工作量還是多到不成比例。辦活動最忙的期間，每個人都投入很長的時間工作，同事們不但常常在一起吃飯，有時候忙到太晚，還會將就著在辦公室打地鋪。主管和下屬之間因此培養出很深厚的革命情感。

他們也常常不計一切，加班到深夜，或是犧牲自己的假日，只為了完成客戶的要求，他們默默的付出，卻從不開口向公司要求加班費或是福利。但因為他們的努力，才能讓飛虹向客戶證明我們有創意、夠用心，客戶願意選擇飛虹，是因為每一位員工的認真與全力付出。

看到這麼多員工賣命幫我，當時心裡常想，若有一天飛虹成為全國最大的活動公關公司時，一定要讓一起打拚的員工共享所有榮耀，也要讓飛虹的員工不論在獎金或是薪資上，都不輸給其他大公司。

二〇〇四年年終，我信守這句諾言，將公司獲利的一百多萬元拿出來分紅、犒賞員工，一位員工最多可以拿到將近三十萬元的現金分紅。同時，公司業績有達成目標，每位同仁的獎金也都隨著調高。

現在，無經驗的新進人員平均起薪為二萬六千元至二萬八千元；研究所畢業起薪為三萬二千元；在公司做滿三年以上，月薪一定超過四萬元，不但高於業界很多，還享有勞健保及六％的勞退基金，光是在福利方面，每年就要多支出三百六十多萬元，這是同業無可比擬的好福利，也是我唯一能夠感謝員工付出、最實質的回饋。

在個性上我也不喜歡愧對別人，二〇〇九年發生金融風暴，整體業績下滑四成，我撐住沒有裁員，那年公司只小賺一、二百萬元。獲利如此低的原因在於人力成本負擔太重。任何公司都有固定支出的成本，會計算營業額以調整人力，當年公司營業額只做到七千萬元，卻付擔一億五千萬元的人力來辦活動，能不賠錢已經可以偷笑了。

但是我很慶幸在關鍵的時候做出「不裁員」的決定，因為隔年飛虹的業績就以翻倍的速度成長，對人力的需求非常龐大，因此我們得以脫穎而出，能夠吃得下市場。

「為什麼想來飛虹上班？」如果他們回答：「辦活動很有趣、很好玩。」用這樣的心態來工作，那就穩死。

第二節

員工離職潮逼我反省管理模式

我很認真看待工作，個性上也比科技人還要科技人，所以在面對竹科這些頂尖科技廠時，能夠以實力說服他們。如果他們講細節，我就比他們更細節；他們對流程的掌控很嚴謹，我就用更嚴謹的態度因應。可想而之，跟著我做事的員工會多麼辛苦。

創業早期，我很習慣用自己的做事方式和標準來要求員工，和員工說話時沒有太多的耐性，態度也比較強勢與霸道。而我年輕創業、學歷又只有國中畢業、沒有背景、資金，請的員工大多比我年長又大學畢業。為了讓他們信服，我只能夠更努力、更拚命、更全力以赴，但在不自覺間也會用這樣的態度要求員工，做事情一次就要做到好，新進來的男同事經常被我嚇到臉色慘白，女生則是淚眼汪汪。

活動公關公司在當時還是一個新興產業，無論在接案、執行或者是管理，並沒有前人的經驗可以參考。隨著公司規模越來越大，我開始將大部分管理的職權交給一位經理，讓她協助管理員工。這麼做的考量很簡單，一方面希望基層員工可以不用直接面對來自老闆的壓力，二是希望單一的管理窗口可以提高管理效率。

沒想到二〇〇五年時，這位企畫部經理卻提出辭呈，理由是「個人因素」，我思考很久後同意了。就在我批准她的辭呈後，企畫部副理、專案執行等人，也在同一時間陸續提出辭呈，不到一個月的時間，企畫部團隊就走了將近三之一的人力。深入了解後才發現，原來員工早就對我的鐵腕管理風格相當不滿。當時這件事情確實打擊了我，我心想，難道這些曾經一起打拚的員工對我沒有一絲感情嗎？

離職潮發生之前，我們在九月接到兩場非常大的活動案，達成當年六千萬的營業額目標。為了完美的執行這兩場案子，並快速累積飛虹在大型活動上的資歷，我告訴他們：「我們一定可以做到！」最後活動確實順利且圓滿的結束，中間的過程卻是無比辛苦，兩場活動的人力調度、各式各樣的突發狀況，費了最大的心力、用最短的時間致力解決，也將每一位同仁的潛能和體力都發揮到最極限。

活動結束後，他們都累壞了，在體力透支的同時，心裡也產生對公司的質疑，萌生離職的念頭。那時我還沒體悟到自己的管理模式出現問題，只顧著對外拚業務，要求將活動做到盡善盡美。看到他們很辛苦時，偶爾我會說：「其實你們和外面一般公司的員工比起來，已經是非常優秀了。」我不太懂得如何對他們表達自己的關心，而且完美要求已對他們造成壓力。

反省感恩，改善剛烈壞脾氣

當企畫部主管和她底下的員工陸續辭職後，我一度很沮喪，也有點措手不及，但肩上扛著飛虹的業績壓力，必須繼續往前走，沒時間停下腳步，只能忍痛讓他們離開。

雖然生氣，但我決定先反省自己，就像公司的十六字箴言：「正直誠信、務實誠懇、專業用心、反省感恩」的「反省感恩」，先反省自己的脾氣真的很不好，那時候同事做錯事情，我甚至會拍桌子、踢東西。

第二個想法是感恩，這份工作很辛苦，當時的專案沒有後勤支援，一個人要扛起所有的工作，每天忙到三更半夜是常有的事情。再加上公司本身沒什麼名氣，工作時常常被人看不起，若是做得不好、明天接不到生意，又會被脾氣不好的老闆訓斥，他們年紀輕輕進入職場就要承受這些，壓力實在很大，也很難承受得住。因此，我沒有和他們撕破臉，沒有罵他們無情、沒血沒淚，反而是幫助他們。

這群夥伴陸續離職後，我們的關係沒有結束，大夥兒曾經一起沒日沒夜的工作，他們都很清楚我是有福同享、有難同當的老闆，你辛

▲ 公司同仁幫我慶生，讓我非常感動。創業以來，在員工管理上，讓我學到並改進不少。

苦，我一定比你更辛苦；你熬夜，我比你熬更晚；公司出事，我來扛；報錯成本、賠錢，我沒有要你賠，因為那是我管理不當。

後來，那位帶著同仁離開的企畫部經理到竹科上班，她還是將案子給我做，現在不但變成我的客戶，也給公司不少案子。另外，其他幾位離職員工結婚時，也邀請我參加。

如果當時和員工交惡，也不會有後來的客戶和更好的發展局面。很多時候人是心念和觀念在轉，若你做很多負面的事情，得到的結果通常都會是負面的。我很自傲一件事：遇到不好的事情或不如意的事情，我會更努力，因為唯有這樣在最後才能證明一切。

遇到不好的事情或不如意的事情，我會更努力，因為唯有這樣在最後才能證明一切。

第三節

打雜如何轉變成事業

創業很辛苦，但是我知道自己正在做對的事，也確實走出不同的風格，包括領導業內規格、制定某些標準。第一年我就告訴員工，明年公司會從原本的三人，增加到十人；第三年會有二十人，那一年公司的營業額還會破億。員工笑說「不可能」，後來這些事情一一實現。能預見即將發生的事情，不是我有多厲害，而是我知道飛虹可以做出這個行業的價值。

現在全台灣最大的尾牙、家庭日、運動會，都由飛虹舉辦，如華碩二十五週年慶、光寶四十週年慶、台積電運動會、聯電運動家庭日等，每一場的活動人數都在一萬人以上。每年尾牙全台最具指標性、且受到媒體和民眾注意的幾個大型活動，都在南港展覽館舉辦，它同時也是各家活動公關公司必爭的年度盛會，今年在那裡舉辦的尾牙大部分都被飛虹拿下。為什麼我們能辦到這麼大的活動？因為我們的人力充沛、分工夠細，專業很強。

從我入行到現在，大部分的活動公關公司從來沒有改變他們的做事方式，都是由一位大學畢業、只有兩、三年工作經驗的專案企畫，從頭到尾、一個人執行一項上百萬元的活動。他不但要向客戶提案、溝通、寫企畫案、發包、和廠商議價、宣傳、設計文案，還要到現場執行、指揮硬體進場、確認所有表演安排，直到結束撤場，和事後的結案報告。

如此工作當然非常的累，所以這個行業很少有公司留得住員工，通常一位員工在公司能待兩年就算「資深」，但在飛虹有不少員工一待就是七、八年，原因無他，只要依照專業、各部門分工，每位同仁只要專心做好自己的事情就好。

別間公司由一個人負責的案子，在飛虹會拆成六個單位，我們有專門的企畫部門、硬體部門、視覺設計部、採購部門、後勤部門，還有專門管理工讀生的部門等。所以企畫專員只要負責專心和客戶溝通、了解客戶的需求即可。做到這件事情最大的困難在於，我們花費的成本比同業高出兩到三倍，包括人事支出以及教育訓練費用等。

現在，我可以很自豪的說，飛虹是台灣活動公關業內擁有最充裕人力的公司，可以動員超過一千名活動人力。

打團體戰還有一個優點，若有一天這位專案經理離職了，我們客戶不會跑，公司的優勢也不會不見。在台灣，多數公關公司做不大的原因是一旦員工離職，客戶就會被帶走。

組織多元化，更有效溝通

為什麼我會將工作拆解成這麼多部門？是因為我很想要將每一項工作做到最好，但是一直沒辦法這樣要求員工。後來才發現，如果要讓同一個人負責這麼多事，他怎麼可能把每一件事都做得很細呢？

於是我開始慢慢擴充人力，先從採購部開始，再到設計部、硬體部門。現在連在現場執行案子，都可以精細到每個工讀生擁有一個編號，並且按照編號指定他工作的區域。

這些分工，除了是從活動中慢慢摸索出來，也是因為二〇〇五年企劃部經理離職事件，讓我發現自己的管理出現很大的問題。過去我們的管理模式很簡單，我的底下就是企劃部經理，她一人負責的工作就包括了企畫提案、專案執行、硬體、採購，以及管理。所有工作落在她的肩上，一旦她離職，對公司的運作就會帶來嚴重的影響。

過去單一化的組織型態，導致我和員工之間的溝通也出現斷層，身為老闆，我站在一個至高點管理，若和主管不合，他要走，下面的人和他一起離職的機率很高。所以我也開始思考修改組織型態，積極培訓各部門基層主管，讓各部門都有一個主管直接對我負責，形成一個有規模的經營團隊。

如此一來，團隊之間不但能互相競爭與合作，也讓組織變得更加多元化及平行化。透過從上到下，可以很清楚的將想法貫徹到基層員工；由下對上，員工也能更直接多元的反應心聲，希望能藉此打破過去與員工之間的那道隔閡。

原本企劃部門獨大，現今已拆解成五、六個部門，每個部門有各自的主管，各司其職。提案時，部門間要互相合作、彼此協助，以做出最佳的提案、規劃和執行。

當年那批離職潮乍看是件壞事，對我而言卻是好事，它讓我看到組織中的缺點，思考如何改進和重整。很多事只要改變自己的想法，轉個念，就能將看似負面的事件扭轉成好結果。我發現，很多優秀的領導人身上都有這樣的特質。

第四節

個個硬體基本功，絕不含糊

做任何一份工作，首先要做的就是：把基本功練好，如果連最基礎的工作都做不好，做這件事情時就是「虛」的，不是「實」的。飛虹和一般公關活動公司最大的不同是硬體出身、進而投入公關活動業，因此在硬體上有很多優點。遇到與硬體相關的專業知識時，諸如：為什麼音響會發出聲音？燈光如何發亮？面對客戶，許多公司往往含糊其詞。如果叫他再進一步解釋，他們就說不出來。

但在飛虹不可能發生這種事，因為新進員工一定要通過內部新生訓練。內訓就像大學的「必修課」，課程是燈光及舞台等硬體知識，結訓時會有一個考試，及格的人才能留在公司，如果連考兩次都沒通過，就無法留下來，透過這個過程，大約會淘汰三分之一的員工。

曾有一位留學英國的碩士，考了兩次都沒過，我親自找她來問：「一個帳棚柱高三米，舞台高度一米，請問背布幕落地高度多少公尺？」這只是簡單的算數問題，找聰明一點的小朋友來問就能回答，但她答不出來。我問她：「妳書是念到哪裡去了？」她很難過的哭著說：「從來沒有人這樣羞辱我。」後來就離職了。

硬體專業對活動公關公司相當重要，二〇〇五年我已經寫了一份「硬體祕笈」，內容是燈光、音響、舞台等專業知識，包括舞台怎麼搭、用什麼樣的結構及施工方法、怎麼辨別它是安全或者不安全？音響又分成那些種類？怎麼樣才會發聲？上完這些課程後，員工和硬體公司在溝通時就能對得上話。除了在新生訓練教導員工，還會邀請硬體專業廠商來上課，透過這些扎實的訓練，就會教出技術扎實的員工，對這個產業的未來才有幫助。

懂得燈光音響硬體設備有很多的優點，例如有次辦尾牙晚會，燈光音響師傅偷懶，直接將音響架在飯桌旁。這樣一來，當聲音從喇叭出來，坐在飯桌旁的人不但連飯都吃不好，耳朵還可能因為一場活動而出現問題。我一看，就堅持音響不能這樣擺，儘管當時師傅推說一定得這樣擺，台上的麥克風才會有聲音，但因為我懂硬體，可以找到最佳的解套方法。

某些公關公司因為不懂硬體，當協力廠商推託說「不可能這樣做」時，他們只能任由擺布，不僅活動品質會因此降低，客戶的反應也不好。這就是為何飛虹員工都要學會硬體的最主要原因。

硬體工程部自己的，我這樣墊高進入門檻

此外，因為本身是硬體出身，我和大多數廠商都很熟，使用設備時還可以談到很好的價錢。廠商也很了解我們，知道飛虹對設備很感興趣，只要從國外引進新的設備，都會第一個通知我，讓我先去看看是否能夠在活動中使用。如此，讓我們能夠走在市場前面，較其它同業更快速取得國外先進設備，無形中也增加了自己的競爭力。

硬體背景還讓我能從另一個角度去思考，並做出其他同業無法觸及的差異化，簡單的說就是：降低成本、提高獲利。二〇〇五年，我決定投資一百多萬元成立硬體工程部，找來在業界工作多年的硬體工程師，一起研發設計更創新、更省成本的

活動設施，這些創新設備，就成為飛虹獨家的活動特色。

飛虹成立的前幾年，許多活動創意就是這些硬體人的功勞，例如「人體手足球」遊戲，別家活動公司可以模仿我們，但是他們在組裝上的成本會比較貴。而硬體背景讓我們想到用演唱會燈光音響的結構，改裝成為活動設施，並且不需要花費額外的成本。

當有自己的硬體公司，同事又熟悉硬體設備後，就能很快的估算出活動所需要的成本，並用更便宜的價格擠壓出更好的利潤。雖然在入行之初，曾經因為硬體背景被同業打擊，後來它卻成為我的一項優勢，更進一步成為公司獲利的主要來源。

飛虹的獲利模式與其它公司不一樣，一般活動公關公司在這個行業賺的無非是差價，但我們不是，如一場一百萬元的活動，其它公司只能賺到兩成，我們能賺四成，獲利率提高，活動的品質並沒有下降，因為我用硬體來賺錢。如何用硬體賺錢？假設一百場活動都需要用到帳棚，租一頂帳棚五百元，一年會用到一萬頂，買一頂帳棚一萬元，我就自己買。活動要創新，必須添購新的設施，如果它的成本是二十萬元，租一次一萬、用一百次就等於是一百萬元，自己買就省下八十萬元。別小看這些獲利，它增加了飛虹的實力，將更多的錢花在員工教育訓練，還能發放獎金，留住更好的人才，讓公司更壯大。

購買硬體設備的背後有很多學問，包括倉庫、維護、保養、貨車等，另外，還要提升硬體的利用率，如何提案客戶會喜歡等等，這些是多年來累積的know-how，它的背後有很多細節和專業，不是那麼簡單，對於非硬體出身的同業來說有進入的門檻，也很難模仿。

> 做任何一份工作，首先要做的就是：把基本功練好，如果連最基礎的工作都做不好，做這件事情時就是「虛」的，不是「實」的。

第五節 叫我SOP狂、流程控

辦活動的細節很多，如何執行到最完美？方法無他，就是將流程拆解到最細。當公司還小時，我可以親自帶著他們做，但員工增加後，就必須透過制度來管理。如今每一項工作都有一套非常嚴謹的SOP（標準作業流程），這套流程經過無數次的修改及精進，即使到現在都還在不停的改進。

飛虹的SOP非常多，裡面詳盡描述了大量細節，例如我編寫出的「場勘作業SOP」、「硬體SOP」等，另外還包括創意、客戶接待、臨時反應、緊急救護、晚會活動掌握、分工等。

通常員工很難在短時間熟悉這些工作內容，所以為了讓他們快速了解流程、達到公司的要求，平常除了資深同仁會帶領新進員工做事之外，還會每年舉辦二至三次的內訓、以及兩次的外訓，我們邀請內部資深同仁和外部訓練師來授課，不斷經驗傳承，並不厭其煩的告訴員工什麼事可以做、什麼事不可以做。

如在場勘SOP中說明，當客戶在提出活動場地需求時，企畫人員必須要實際去場勘，場勘時要準備相機、捲尺、滾輪尺和紙筆等工具。重點在兩項，一是看舞台位置，二是進場動線；回公司後，整理照片並製作場地報告。

過去公司一切從零開始，在場勘的時候要花費很多時間和精力，還要在晴天、雨天、各時段都要去，做好場勘要跑很多趟。現在全台灣所有的場地我們都舉辦過活動，多年下來，累積了豐富經驗，企畫人員在公司就可以獲得足夠的資訊，但是辦活動前仍然要實際到現場看過。

在公關活動業有個慣例，工作一年後表現良好的員工，就能升為專案企畫，一個人負責執行上百萬元的案子。在飛虹，專案企畫執行活動前，會經過很多道關卡的審核，負責把關的都是資深同仁，他們要擔負起監督的角色，嚴格考核專案企畫，有時開會的過程就像是「批鬥大會」。

企畫會針對活動當天流程做一份執行資料，這份資料必須讓各個單位審核、通過後才能執行。硬體部門會審核硬體部分，流程安排是否合理；採購部門會審核廠商的聯繫和溝通等；設計部門會審核活動的設計製作物有沒有問題。專案企畫人員上面還會有主管，他會做初審；若是很大的案子，我也會親自過目。透過這項嚴謹的SOP，辦活動時出差錯的機率就很小。

活動開始後，也要依循另一套繁複的SOP，裡面包括進場的細節、活動當天以及撤場的細節。舉例來說，進場時，同仁必須注意以下幾項重點，並且提供完整的進場資料，他們要了解各區的設施，從擺設、桌椅、桌巾到圍布等，都要詳細；此外，還要有效控管廠商抵達時間，假如某廠商經常性遲到，就要將我們進場的時間提早。

廠商進場時間也要有效分配，包括水、禮品、舞台、燈光音響等，順序在這裡很重要，若要搭建舞台，舞台必須先架好，才能安排燈光、音響，發電機也要在燈光、音響之前進場，另外，否則怎麼測試設備？帳棚一定要先架設好，才能放桌椅和設施。

活動進行中，我們連舞台分工都做得很仔細，包括前台、中台、後台，都有負責的員工。前台負責看顧長官區和舞台前端的麥克風；中台負責舞台上所有表演妥當，並確認表演時間及盯下一場表演；後台負責道具補給、表演團體的等待（stand-by）等。這些分工都有它的藝術。

獎懲分明，重金投資員工訓練

每辦完一場活動也有檢討會議，藉此不斷精進自己。我們會仔細檢討需要改進的地方，若有做得不好的地方，就找出問題在那裡。是硬體的問題？還是人的問題？若是事情的問題，希望不要再發生，並在會議中思考更好的解決方案；如果是人的問題，我有一個原則，只能允許你犯一次錯，不能讓你犯第二次，犯第二次就嚴懲。飛虹是一家很嚴格的公司，當一位員工被記三大過，就會開除。

當然，員工都很有自覺，被記一大過的人就知道要主動離職，但在公司內能被記一個警告都是很不得了的事，若記到一個小過就是非常嚴厲的懲處。現在會被記警告的多半都是年輕員工，因為實在是太天兵了，我在記他過的時候還會覺得，怎麼會笨成這個樣子？

先前有一位新進同仁因為一個失誤，而被記了一支警告。那次是一場運動會，通常在前一天會讓硬體進場，當時有一家賣飲料的廠商，問這位員工飲料要放在那裡，這位天兵員工竟然要廠商將飲料放在免費供應水的補水站。第二天一到現場，廠商發現要賣的飲料全部不見，因為被來參加活動的人拿光了。這是沒有用心和用腦在工作，就得接受懲罰。

為了讓每個員工都能恰如其分的扮演好自己的角色，飛虹每年投入的教育費用高達二百多萬元，以八十幾位員工計算，我們平均在每個人身上投資二至三萬元。員工也可以針對工作需要到外面上課，公司也會補助學費。

我願意投資員工，是想把活動辦得更好，也認為它很值得。用另一個角度來看，栽培員工是我的責任，若他們能在飛虹學到很好的工作技能及態度，即使有一天他離開公司，也會有很好的發展。

第六節

我們準備要上櫃上市了，你相信嗎？

創業十多年，經歷了自我成長，並從一個稚嫩的小孩蛻變成大人，在每一個階段我都會遇到不同的問題，並且設法克服。前三年是摸索市場、了解客戶的需求，並掌握獲利模式，包括報價及成本，這個時候的經營重點在「活下來」。

二〇〇五年飛虹已經做到竹科最大，此時要針對所做的事情再升級，包括如何提升執行品質、壓低成本、提供更好的報價，還要掌握客戶未來的需求，若是做不到這點，就要針對客戶現行的需求再更努力。二〇〇八年，我們已是全國最大的活動公關公司，要培養員工，讓有能力的人變成將才，並有各自發揮的舞台。

我對人有天生的敏銳觀察力，只要和一個人相處二、三個月，就會知道他是怎樣的人，也知道能將他放在那個位置。隨著公司的規模逐步擴大，陸續成立了四間公司，包括新竹總公司、以及台北、高雄、竹北三間分公司。過去我將它們當成一間公司底下的事業部門，但後來我發現，客戶並不會區分這一點，通常會習慣找他原本就熟悉的員工來服務，這樣一來很容易造成人力重疊，責任義務也很難釐清。

後來，我決定將每個分公司獨立出來，各自管理、自負盈虧。我的期許是每一位主管是一家公司的老闆，他要負起經營的責任，並且努力專精在自己的領域，包括創意、想法，公司有大型活動時又可以互相支援。

公司承接的活動多元，從運動行銷、活動行銷、福利整合服務、媒體公關，到創意設計等，有些分公司的專長在企業活動，就專精於此；有些人擅長大型路跑，也有人擅長政府節慶型活動等。我會因應員工的興趣和專長，讓他們有所發揮。

放手讓員工顧四家公司

我認為老闆對員工有兩個責任，一是有形的報酬；二是無形的，給你舞台。我很願意提供員工更好的待遇，現在讓分公司經理拿百分之十的分紅，分紅並不計算成本，若一年獲利二千萬元，就給他兩百萬元年收入，這二千萬元還要扣稅，最後的實際淨利是八百萬元，但我就給他二百萬元。此時很考驗老闆，到底肯不肯給？究竟能不能摒除私利，為公司更長遠的大局去思考？我願意給、也肯給。能夠捨去私利，給他們更好的待遇，並不是一件容易的事，絕大多數老闆做不到這一點。

無形的舞台，則是讓他們在飛虹體系裡充分發揮自己的專長，如公司第二號資深人物Timmy，他曾經在南部當過系統工程師，也是公司執行力最好的人，因為結婚的關係而定居高雄，我便讓他負責高雄飛虹，他也做得很不錯。

而竹北公司經理是Bibby，以前是華亞科的人資，也是我的客戶。他的衝勁十足，三年多前把他找過來，現在他掌管飛虹營業額最高的竹北新公司，中國大陸也由他管理。

另外一位重要人物Edward，是公司第三資深的元老，負責竹科總公司企劃部。他不只在飛虹擔任非常重要的位置，帶領總公司的企劃同仁向前衝刺，也在此遇見自己的國中同學，之後兩人更是結成連理。

二〇一二年，飛虹又進入另一個新的階段。此時公司發展已近極限，因為能接的活動已趨於飽和，業績成長有限。所以，未來還可以做些什麼？我和金融業客戶聊起這件事，他建議公司公開發行（ＩＰＯ），讓飛虹浮出檯面、提高格局，藉由知名度的提升將觸角伸向其它領域。公司上市櫃後會更具規模，找進來的人才也會有所變化，而且更能留住人才，因為他們知道這裡有未來。

公司上市櫃，代表我要降低主導權、讓財務透明化，並在三年內投入一千萬元。為何我要花一千萬元做這件事？我的想法是，總有一天我會交棒，希望那時能在一個完整的機制下，將公司交給專業經理人經營，所以必須讓公司導入更完整的機制。將公司變得更有制度、更完整，這些價值不是眼睛能夠看得到的，包括人力管理、編配，到財務等，都要有層層監督，整體來說優點大於缺點。

讓飛虹上市最終目的是為將來而努力，我也可以自豪的說，上市後交出來的會是一家體質、制度、人才各方面都很優質的公司。

老闆對員工有兩個責任，一是有形的報酬對待；二是無形的，給你舞台。

第七節

不要一輩子待在我的公司

每一位經營者在創業之初，最難面對的就是和一起打拚的員工說「再見」。辦活動是沒日沒夜的活，和員工間培養的革命情感也很難被取代，在前五年只要員工離職，我心裡都非常難受，之後才漸漸釋懷。

現在我反而會問年輕員工：「你要一輩子待在飛虹嗎？就算你要，我也不見得要。」曾有一個剛進公司的員工，有一次在公司尾牙時喝多了才壯膽問我：「老闆，為什麼你常講我們不會一直在飛虹？但我很想要一直待在這裡啊！」我告訴他，一個人的眼界不能這麼小、這麼低，飛虹不見得會給你最大的市場和空間，我們永遠是一條路在走，有它的方向和道路，這不見得會是你要的，有一天你終究要去看看別的世界。

雖然老闆都希望員工待下來好好幹，但這不是務實的想法。若是員工在飛虹工作後，有更好的人生際遇及更好的發展，我會祝福他們。飛虹現在在活動公關界有很響亮的名聲，表現很好的員工，還會成為高科技廠商挖角的對象，有些員工進入台積電、聯電等全球知名企業工作。

如今進入公司的員工大多是大學剛畢業，公司員工平均年齡約三十歲，要帶領這麼年輕的七年級生、八年級生工作並不容易。他們被父母的羽翼保護得太好，太嬌生慣養，很難承受得住辛苦的工作，新進員工頻繁的來來去去，是再自然不過的事情。但是如果能夠熬過三個月的試用期，工作兩年以上的年輕人，都很值得嘉獎。

我的個性要求完美，近乎華碩的廣告詞：「追尋無與倫比」，我也將這個標準放在所有員工身上，希望他們對自己的工作負責，要努力做到最好。為了讓所有員工都知道公司的企業文化，新人進來都必須接受教育訓練，在活動的最後一堂課都由我授課。

有些員工回憶過往，說我上台講話時很有殺氣，台下的他們都會發抖，但現在我的語氣和緩很多。而且如今我不會和他們講規範、也不說規則，這些事情主管平時就會教，我要講的是原則、觀念、態度和行為準則。

飛虹精神：我很憨慢，但我很實在

在飛虹工作的員工要做到兩項基本要求，一是積極，二是心態。無論他負責的是哪一項工作，都要非常清楚且明確的知道工作內容，確認負責的工作是基本的態度；同時，還要思考如何將自己的工作做到最好，包括在自己執掌的範圍內，有沒有可能會發生什麼突發狀況？要事先預想到，並且提出解決方案，例如，在家庭日中他負責的是「親子闖關」活動，若是準備一千個贈品，卻發不完，該怎麼辦？或者是提早發完，又該如何因應？這些都要事前預想好，以免事情發生後手忙腳亂。

飛虹人要有的飛虹精神，就是將事情做到最好的態度。這就是稍早前提到的，你是「百分之百邁進的百分之十」，還是只要求自己做好百分之十即可？若能用百分之百態度來面對工作，就會更用心思考將事情做好的方法，進而找出問題並提早發現問題，而不是用「把事情做完就好」的態度馬虎對待工作。

我經常問同仁，你認為飛虹與其他同業的差異在那裡？有人回答「積極度」，有人說是「服務態度」，這些都是。聯發科的朋友曾經告訴我，飛虹的員工很認真，無論凌晨或是假日都在服務，只要將活動交給我們，他就很放心。這也是我對飛虹員工的要求，對客戶的任何要求都要使命必達。

現在年輕人在職場最大的問題就是：做著這份工作，想著下一份工作，或是擔心自己做得那麼好，是不是還會失業？這些都是多餘的擔憂，在任何職場回歸到最終，就是將自己變成公司內部更重要的人，只要做到這一點，根本不需要擔心待遇和發展，反而是公司要很認真思考，要提供怎樣的舞台讓員工發揮，才能夠留住重要人才。

價值第一，價格排後面

我建議年輕人在工作中，要以這樣的格局和角度去思考，自然能發揮所長。不用擔心自己會被埋沒。如果能夠像海綿一樣不斷的吸收、累積，讓自己變得更好，最後受益的人仍然是你。

尤其服務業，和其他行業最大的差別就在於「那種說不出來的感覺」，客戶感覺你很認真、很用心，這種感覺來自於心底的信賴感，並且透過服務的過程中讓他相信你，就算你開玩笑、亂說話，他都相信你，若能做到這樣的程度，就能彰顯出你的價值。

許多年輕人除了對工作不夠投入，還有一個很大的問題——做事情太情緒化。這也是工作十多年來，我覺得最難教的事。情緒，在職場上是很關鍵的點，因為情緒不好，對同事說話大小聲；接到客戶的抱怨，就對同事生氣，這些都是不對的。

有篇文章這麼說：「世界上所有成功的人，都有一個共通的特質，無論遇到多麼悲慘的事情，都能以正向的態度走過這一切。」我很幸運自己是這種人，也希望員工都能做到，無論現在及未來**面對任何困境，都能用正面心態處理，不情緒化。**

二〇一四年，對飛虹來說是很關鍵的一年，在這一年我認為賺錢不再是公司追求的目標，反而要求員工每一個案子都要能做出價值，例如很有創意、讓客戶更愛你。我告訴員工：「今年公司的目標是，不要把營業額和毛利率拉高。」沒有任何一位老闆會這麼說，我的關鍵是希望他們用不同的角度去逆向思考，激盪出更多的創意和做法。飛虹在市場上不要以「價格」競爭，而是以「價值」來服務客戶。

我做出IPO的決定後，原本計畫推出一支電視廣告，沒有影像，只用白底黑字寫著：「如果你發現公司找飛虹舉辦家庭日、尾牙或運動會，代表你的公司非常愛你。」我希望「飛虹」代表的是一個品牌，只要企業願意找飛虹辦活動，對他們來說就是很有面子的事。找我們不便宜，但是我們會提供非常多超值服務，不只是滿足客戶要求，而是超越客戶的期待，這就是我想要打造的品牌價值。

現在我可以很驕傲的說，在業內如果飛虹說自己是「老二」，沒人敢說他們是「老大」，因為我們已經是領頭羊。一路以來，我很感謝員工們的努力，同心協力在業內打造並打響「飛虹」的金字招牌。

世界上所有成功的人，都有一個共通的特質，無論遇到多麼悲慘的事情，都能以正向的態度走過這一切。

第 6 章

一頭栽進去，出路才會冒出來

第一節

為別人而活，所以我創業

我的想法很超齡，做事業的格局和決策也不像是才二、三十歲的人。網路上有一種計算心理年紀的遊戲，我玩過坊間幾種不同的版本，每一次算出來的答案都是：七十八歲。我一開始不相信，於是每隔半年就會再找新的版本算看看，想知道自己的心境是否年輕一些——但每次的答案都是七十八歲。

同年男生愛去夜店，我的習慣和興趣卻像老人，喜歡下棋、喝茶、拜拜。除了超齡，我的人生際遇也和別人很不一樣，由於幾次與死神擦身，讓我認為人活著的目的就是要幫助更多人。如果人的一生是為自己而活，那就太沒意義了。所以我以「利他」的角度看待工作，我想做出這個行業的價值。

因為繼父的關係，我投入燈光音響工作，進而創業，在這份工作裡，我看到許多不合理的地方。在過去，客戶認為做燈光音響不算專業。我剛開始還會因此和客戶爭執，覺得他們不尊重我的工作。我會告訴他們：「尊重是一種態度，我們應該是合作夥伴關係，我不是來幫你打雜的。」

任何人都不能因為別人的工作而瞧不起人，就算是有錢人，也需要水電工和清潔工。試問：你可以什麼事情都自己做嗎？如果沒有我們，辦活動時，客戶就得自己搬桌椅、擦桌椅、貼布條、掃地和撿垃圾了。而我們為了做這些事，活動期間至少二十四至四十八小時不能睡，若是事情做得不夠完善，還會被老闆和同事責罵。想要辦活動，可以選擇更輕鬆的方法，將工作交給專業，但是在態度上絕對不是高人一等。

我曾經遇過一直刁難我們的科技廠商，不論我們做什麼事他都不滿意、不斷挑剔，後來雙方吵了一架，到現在經過十年，這家科技廠商沒有再和我合作。當時的我年輕氣盛，這件事情處理得不夠圓融，我也有錯。也曾經有家知名房仲公司找我們辦活動，付款時極盡刁難。那時候公司還很小，我們拚了命的執行活動，結帳時承辦人卻為了剋扣款項，提出種種不合理的要求，從此我們再也不和這家公司往來，因為我認為這不是一家講誠信的公司。

因為愛錢而做事，你會永遠賺不到錢

我向來很重視誠信、道德等無形價值，創業後更致力於此，希望有一天當有人提起飛虹，就能想到公司的十六字箴言：「正直誠信、務實誠懇、專業用心、反省感恩」，這些字的排序可是有意義的。

首先我要求進入公司的員工必須有良好品德，他要正直誠信，因為當一個人什麼都沒有，他至少要有風骨，可以獲得別人的尊敬。而且只要能規規矩矩做生意，對客戶講信用，有如此基礎，你的工作態度就會務實、誠懇。

我將專業用心放在第三，做事情還是要和人家比，比你是否比別人更努力、更專業的在提供服務、是否很用心的觀察，並建立核心競爭力，讓自己越來越茁壯。專業比用心來得更重要，可以說是一門功夫。辦一場活動，達到客戶預期的效果和價值，讓客戶滿意，也讓客戶的客戶們滿意（也就是來參加的員工們及家眷們滿意），就是做到專業。

最後要學習反省感恩，不斷的反省、檢討，讓自己再進步，然後不斷的感恩。

如果能做到這十六個字，一個人在工作已經可以達到一個層次，並且培養出某種做事的態度。

我認為自己是為了別人而活，飛虹成立後接的每一場活動都是在幫助客戶，因為有我們認真、努力、追求更好服務的精神，才能夠執行一場完美的活動。因為有飛虹的存在，現在活動公關業才能夠更有規範。這些年我聯合同業，擊潰做事不認真、偷雞摸狗，想賺取暴利的業者，因為他們的存在才讓活動公關業被人瞧不起。同時，我也希望自己能為更多的人而活，進而產生存在的價值，所以飛虹要做到最大，才能幫助更多人。

做事業時，我的態度是利他，人生態度上也不只重利，用這種心態面對客戶，彼此才能真正的平起平坐。但在工作中難免會遇到心態不對的員工，有些人唯利是圖，認為案子沒錢賺就不做，這其實也不能怪他們。

公司成立初期，儘管我不完全認同這樣的行為，還是會忍住不說，當公司營運上了軌道後才會對員工說：「如果你愛錢，就不要在我公司工作。」員工問：「難道你不愛錢？」我回答：「愛，但我很清楚什麼是比錢還重要的事。每個人都要先做好比錢還重要的事，如此自然會賺到錢；但如果是因為愛錢而做事，那麼你會永遠賺不到錢。」

我對員工說：「如果你愛錢，就不要在我公司工作。」員工問：「難道你不愛錢？」我回答：「愛，但我很清楚什麼是比錢還重要的事。每個人都要先做好比錢還重要的事，如此自然會賺到錢。

第二節

原來這是流浪狗性格

我一直覺得自己是一個運氣很好的人：與信譽良好的大企業合作、且從來沒被倒過一筆帳。無論景氣好壞，只要願意努力，我們都能接到案子，平順度過所有的難關。對於這一切我抱著感恩的心，為了表達感謝，飛虹一直在回饋社會，創業的前幾年，規定每個月的農曆初一，全體員工都要吃素一天，並由公司付費，最近幾年則改為關懷老人、照顧流浪狗。

吃素，與我個人有關。因為我是個急性子，做事時又抱著「只能成功，不能失敗」的決心，第一年當老闆時脾氣很差，員工只要做錯一件事情，或是沒有達到我的標準，就會被我嚴厲的責罵，經常動不動就把他們轟出辦公室。

創業的壓力讓我經常心情不好，即使從不在客戶和員工面前掛著愁容，私底下卻很悶悶不樂。當時女朋友妹妹的男友是虔誠的佛教徒，他看到我很憂鬱，建議我心情不好時，可以打電話給一位師兄和他聊聊，也許能舒坦些。

有人願意聽我訴說創業中遇到的困境，的確對於紓解壓力有些幫助，那段時間舒緩情緒的方式之一是到廟裡走走，我很喜歡去文山區的指南宮拜拜，每一次都能讓我放鬆心情。

但因為我是個路痴，有一次開車去木柵拜訪一家客戶，在回公司的路上迷路了，不小心開到指南宮山腳下。於是停下車，順著階梯走到廟裡拜拜，順便求了一支事業籤，那天抽到一支僅次於籤王的上上簽，我很感謝神明。由於自己很愛吃肉，當天回程的路上，順道買了一桶平常最愛吃的炸雞，神奇的是，回到公司後一塊都沒有碰，從那天起就自然而然的開始吃素了。

吃素幾年後，我的思考變得很平靜，脾氣也好很多，連協力廠商都感覺到我的轉變，有一位廠商還說：「謝總，以前你在電話上罵人的時候，我都覺得你快要拿刀子殺到我們公司來了，現在你的脾氣真的好多了。」發現自己的改變後，我要求員工每個月至少吃一天素，減少一天的殺生，在公司裡產生一種良善的循環。後來，員工如果犯小錯，就罰他捐錢給慈善單位，或罰吃一個月的素；大錯，就要他去當義工。

直到二〇〇九年，飛虹的版圖拓展到中國大陸，我才停止吃了六年的素。因為中國大陸沒有吃素的文化，在那裡你以為吃的是素，其實都是葷，因為他們的菜都用肉油去炒，青菜也一定加肉。

二〇〇六年替聯發科舉辦「志工日」，這場活動改變了我，更堅定的相信要行善。「志工日」是聯發科的傳統，一年當中，該公司的員工會找一天當志工，包括陪孤兒院小朋友度過週末等。

那一年的「志工日」是陪伴盲

▲ 飛虹設有志工日，每到特定日子，全體員工都會到偏鄉做公益。

人。我們規劃讓一位志工、帶著一位盲人到新竹「綠世界生態農場」遊玩。途中志工將他看到的事物一一解說，讓盲人了解，例如盲人摸著葉子，志工會告訴他葉子長什麼樣子、有什麼功用等，就好像是當他的眼睛。

那場活動讓我相當感動，它改變了我的人生態度，啟發很多想法。每天我們都在汲汲營營的和別人打仗、想爭個輸贏，卻忘記生命中還有很多重要的事情。「你很厲害，打下了一片江山，最後卻得到癌症，生命只剩下半年，就算有很多錢，還有意義嗎？」我學會適時的收斂自己的心情，自此決定公司每年也都要舉辦志工日。

二〇〇七年開始，每年尾牙結束後，飛虹員工會到偏鄉，如彰化等地的老人機構發年菜給獨居老人。做這件事的用意並不在於奉獻愛心，而是希望到了年終，員工要懂得向人們表達感恩的心，感恩公司的生意這麼好，一直都有工作可以做，而不是期望員工因為做了這件事得到好報或者是功德。若是這樣想，做公益就太沒有溫度了。

未雨綢繆、敢於冒險的流浪狗性格

此外，近幾年我也熱衷於流浪狗議題。關懷流浪狗是因為我很愛狗，從小家裡就養狗，我對牠們有一種特殊的情感。台灣的流浪狗問題很嚴重，臉書上常看到很多需要救援的狗，我也漸漸將重心放在牠們身上。

這兩年，光是個人花在救狗的錢就超過一百萬元。為什麼我想要保護狗？因為如果一個國家連狗的生命都能善待，這個國家

▲ 我和員工一起探望獨居老人，目的在於表達感恩之心。

就不會有弱勢，例如在美國，他們非常尊重狗的生命，若有一個人將狗拖在地上行走、導致狗的死亡，這個人是會被判刑的，在台灣卻沒有很落實這樣的法規。

我希望台灣的弱勢能夠消失，雖然用救狗這種比較迂迴的方式來表現，但是每個人都應該尊重生命。如果這個社會上的人們連狗的生命都能夠尊重，並讓牠們獲得妥善的照顧，對人會不能嗎？

現在只要看到需要救援的流浪狗，我都會伸出援手。某次在網路上看到訊息，得知一間收容所要撲殺六十幾隻流浪狗，我便請員工將這些狗全部帶出來，送去新北市給一位照顧流浪狗的媽媽，再給她二十萬元照顧費用。後來，我更決定乾脆自己做，公司在新竹的倉庫前方正好有一塊空地，我承租了下來，再搭建鐵皮屋當成狗舍，現在裡面養了幾十隻流浪狗，也有員工輪流負責照顧牠們，清理狗舍、餵牠們吃飯。

結婚後，我家裡也養了兩隻流浪狗，和牠們相處讓我學到很多，更看見自己原來也有「流浪狗」性格。這兩隻狗一隻叫「秀秀」、一隻叫「錢錢」。秀秀在很小的時候就被撿回家養，牠沒吃過什麼苦，個性比較嬌，吃飯時弄好飼料放在碗裡，牠開心時會去吃幾口，不開心時就不吃。

後來我在網路上看到另一隻流浪狗「錢錢」，牠長得和秀秀小時候很像，比秀秀大幾個月，也非常可愛，但因為曾經在外面流浪，個性比較凶，吃飯時會先去搶秀秀碗裡的食物，等到又餓了，才會吃自己碗裡的。牠流浪的時間比較久，懂得求生，又因為沒安全感，所以會未雨綢繆、懂得儲存。就好像我，總是擔憂著未來、想要預做準備。

▲ 我和老婆領養的兩隻寶貝流浪狗，左邊較瘦的是秀秀，右邊較胖的是錢錢。

養狗讓我明瞭自己的某部分性格，也許這是底層出身的人，在創業時不自覺的反應，在個性裡我有流浪狗的性格，也很像勇於冒險的台灣土狗。曾經有人提出台灣有一些「土狗型企畫」，老闆沒有富爸爸及高學歷，卻能白手起家，因為市場嗅覺超靈敏，看待目標也很精準，並且一路從基本功做起到最大。我正是如此。

每天我們都在汲汲營營的和別人打仗、想爭個輸贏，卻忘記生命中還有很多重要的事情。

第三節

人生最精華的十年，你用在哪裡？

三十歲以前，我的生命中只有一件事：工作。我將自己的一切寄託在無可限量的未來，它是一個希望。因此，我暫時放下一切欲望，全力衝刺事業，在這十年間，沒有看過一場電影、出去玩，每天還吃一樣的早餐，吃到現在那家店都倒了。

有時候受邀到學校演講，學生會說：「好羨慕你，是人生勝利組。」但他們只看到我的表象，例如開好車、住豪宅——但這真的是好嗎？我是用人生最精華的黃金十年換來的：我沒有休閒生活、長期待在公司裡，這樣OK嗎？現在的老婆是我的第三任女友，跟我同年齡的男生，可能交過八個、十個女友，但我沒有。如果我們的生命在三十五歲終結，我不見得會是人生勝利組。人總要看電影、出國旅行、談戀愛，要有很多不同層面的體驗，才叫做「人生」。

三十歲過後，忽然有一天，我決定改變。改變源於兩件事，一是發現媽媽年紀大了。二〇一一年，媽媽五十七歲生日那天，我們到餐廳吃飯，那頓飯讓我感觸良多。她二十三歲生下我，在我心中她一直是很年輕的樣子，好像永遠都不會老。

那一天在餐廳吃飯時，她的頭頂上剛好有一盞燈光直直的打在她的頭髮上。我看到她的白髮，心裡頓時感慨，原來媽媽老了，十多年來我一直忙事業、四處奔波，沒有好好的留在家裡陪她。於是我認真思考這個階段應該做的事，想讓自己的腳步再放慢一些，現在公司的業務很穩定，每年客戶都會主動找我們，營業額持續成長，直到現在，我才終於可以將心思放在其它地方，也開始有了想結婚的念頭，我想擁有自己的家庭生活。

第二件事是發現自己的體力、腦筋都不如以前那麼靈活。我是個記性很好的人，以前去簡報時，可以立刻記住所有福委會委員的臉孔及名字，記得有一次簡報結束後由客戶提問，我要求他們按照我的簡報頁面先後順序、一次問完所有問題，再依次回答。那時客戶一共問了二十一個問題，我在沒有記筆記的情況下，回答完所有問題，讓客戶拍桌叫好。我也很會記分機號碼，例如瑞昱的某位員工的分機幾號、聯發科在幾樓？我也從來不用筆記，即使同時執行好幾個案子，每個案子的細節在腦中都一清二楚。但是，三十歲過後，記性卻沒有那麼好了。

因此我決定改變，第一個改變就是要求員工不要加班，讓生活和工作達到平衡，尤其是資深員工，事情在上班時間盡量完成，新人如果需要加班是因為他對工作還不熟悉。二是改變自己，開始學習放鬆，不要再將生活的重心擺在工作，此時也覺得應該要交個女朋友了。這個時候也覺得好諷刺，原來，人是會變的。

和藝人老婆米可白結婚

二〇一四年五月，我和藝人老婆米可白結婚，人生進入下一個階段。認識她是在二〇一二年公司的尾牙。飛虹忙完所有企業尾牙後，會舉辦自家公司的尾牙，邀請員工和下游廠商參加，每年大約有五、六十桌。為帶動現場歡樂氣氛，會請來藝人表演，我就是在這個場合第一次見到她。

初見面時，對她沒有太深的印象，只覺得這個女生的表演很不錯、很認真、很努力，年節時互發簡訊，都僅止於禮貌性質的祝賀。隔年尾牙又找她來表演，再見面時，忽然間彷彿觸電，覺得她就是我未來的老婆，後來兩人漸漸擦出火花。因為這個女生是我準備娶回家當老婆的，追她時，週末一有空，我就會開車到她在彰化的老家，和岳父母聊天。他們是很正直、很講人情味的人，對我很好，交往一年半後我們就決定結婚。婚後也會盡量每天回家吃晚餐，多陪陪她。

另外，很多人好奇，我這麼年輕就有自己的事業，到底如何規劃財務？其實很簡單，就是用婆媽最傳統及保守的方式：買房子。前面提到，創業前幾年，公司賺到錢，都將錢拿去擴充規模，直到二〇〇八年，才終於覺得可以將賺來的錢放進口袋，那一年卻遇到很嚴峻的金融海嘯。熬過了低潮後，飛虹果真如同公司名字般的一飛沖天。二〇一〇年公司業績翻倍成長，第一次身邊終於有些錢。

曾經歷慘痛的景氣谷底，我知道錢的重要性，這些錢在未來是要當做周轉金，無法承受虧損，必須放在最穩當、最保值的地方。衡量所有投資工具後只有房地產最適合。若要投資房地產，應該投資那個區域？台灣的首都是台北，台北的新興發展區域在信義區，於是我在信義區買房子，先買一間四十坪的中古屋，那一年台灣房地產飆漲，兩年後賣掉，獲利還不錯。

第四節

我的目標是做出這行業的價值

工作時我非常專注和投入，很多人問我：「你是不是工作狂？」我確實是，認真工作的原因在於「我很感恩」，感恩於能夠接到案子，感恩於客戶願意信任我，因為抱著感恩的心，就要更努力工作，就是這麼簡單。工作時，我也很慶幸自己不是富二代。這並不是說富二代不好，而是若我是富二代，就不會像現在這樣，有那麼多奮鬥的歷程、態度、精神和想法在我的腦海裡，我會失去很多人生很寶貴的力量和精神。

我認識很多富二代，他們都很好，很善良，我和某位媒體大亨的兒子很熟，他讓我非常敬佩，他的手機是幾年前的舊款，開的是國產幾十萬元的小車，他捨不得將錢花在消費性的產品，卻願意花幾百萬元投資有前景的事業。

和富二代交流，我感受到他們絕大多數個性平順，就像是我家的狗「秀秀」，東西被人家搶走也無所謂，很溫馴，而我的個性比較像是曾在外面流浪過的「錢錢」，會捍衛自己的食物，並保持儲糧的習慣。

從底層打拚出身，我認為不論在什麼樣的環境裡，每個人都要體認一件事：相信自己，要堅強、有自信。有一次聽演講，主講者說了一則故事：他到一家飯店用餐，在門口替他開車門的服務生少了一隻手。離開飯店時他又看到那個服務生，他說：「你好像不是很有信心，雖然你少了一隻手，但是你比很多人多了一顆善良的心，你要好好加油。」我會告訴別人這個故事，你可以沒有手、沒有腳，但你不能沒有希望，希望是什麼？就是你最大的精神寄託。

生長的環境讓我從小習慣孤獨，但在心裡我總是有個「未來會更好」的寄託，這些都是我的力量和精神。不論在工作時遇到任何挫折失敗、被客戶刁難，被人看不起、不被尊重，或是比案輸了，心情不好，這一切都無法擊倒我，因為我知道「以後我一定會不一樣」。

年輕時創業，不只提案的廠商會欺侮我，連下游廠商都會因為我是年輕老闆，能夠給他們的案子金額不高而欺侮我，我此時就會默默的想：「你以後會後悔的。」現在他們果然後悔了，有些人會拜託我給他們案子做，但我不會給，這是原則問題，因為其他人當年並沒有因為我年輕而瞧不起我，所以更應該要幫助他們。

超越對方是重點？你已輸在起跑線

我學歷不高，卻從來沒有因此而自卑，因為我清楚的知道這是自己的選擇。但是我很喜歡閱讀，它培養了我的眼界，「一個人的眼界到那裡，事業就會做到那裡。」我常捫心自問：我是否具備更高的眼界？投入一個行業時，我們都會有想要超越的人物及目標，我在職場中遇到很多年輕人，尤其在公關活動業的員工都很年輕，**很多七年級生大多是看著前面的那個人，想要超越他，卻從來沒有一個人會想：什麼才是值得超越的事情和精神？**例如你想成為部門經理，擁有他的年收入、和他開一樣的車，或者是想變成老闆都很好，但更重要的是，問自己：「我是誰？」

相較於設想我想要和誰一樣，更應該去想：「我要變成一個怎樣的人（而且是最貼近於自己的人）？」若我當初只想要成為一個不為錢煩惱的人，那麼有存錢計畫就好了，但是我的目標是做出這個行業的價值，讓人們認同這是一個有門檻、有專業、有尊嚴的行業，朝著這個目標，我努力去做，也確實做到了。我的眼界、格局，都來自於像流浪狗般不服輸的精神，這給了我許多打拚的力量，能夠挑戰更多的不可能。

很多七年級生大多是看著前面的那個人，想要超越他，卻從來沒有一個人會想：什麼才是值得超越的事情和精神？

第五節
成功的因素在於無路可退

我二十二歲創業，二十六歲時飛虹的年營業額已接近一億元，受到出版社邀請，當年的我出了第一本自傳，那時很多人問，創業需要具備什麼條件？我認為創業其實不需要條件，只要認知到這是一條不歸路，並用破釜沉舟的決心做好——「若是創業不成功，還是要繼續創業」的心理準備。它的深層意思是你要堅持到底，沒有達到目標，就沒有終點。

在創業之前，我想過自己的人生如果不創業，還有什麼路可以走？因為本身沒學歷、沒經歷，別無選擇的只能創業，雖然這是沉思之後做出的選擇，但實際上也是衡量自己的條件後不得不做的選擇，並且是唯一選擇。在創業的路上跌跌撞撞，不論在業務、人事、管理上都遇到不少困難，我卻從來沒有抱著「失敗後大不了求職」的念頭，因為實在沒辦法這麼做。後來，我了解到，為何我今天可以擁有一家這麼好的公司了。原因就在於：無路可退。

如果年輕人想像我一樣創業，那麼要先問自己：能否三年不支薪、公司不賺錢也願意夜以繼日的工作。創業需要燃燒自己，投入全部的心力。而我從創業的過程中學到了一些事：我們也許生活在資訊很發達的年代，然而，成功的道理卻是千百年來始終如一，它沒有捷徑，必須努力工作，還要有不屈不撓的毅力和耐心。在這個世界上沒有「一夜成名」這件事。推特創辦人之一史東（Biz Stone）曾經說：「時機、堅持不懈，和十年努力的工作，才會讓你看起來像是一夜成功。」我就是如此。

身邊有些朋友是創業初期就非常成功的人，後來卻遭遇到失敗，現在到中國大陸工作。他曾經開了一間燒肉店，不久就做到全台最大，店擴充得很快，卻在遇到一次店內肉類回收問題後就一蹶不振。我也有員工離開公司創業，他曾經是我的得力助手，離職後在竹科附近開火鍋店，每天都過著很忙碌的生活，為了支持他，我經常到他店裡捧場，一共吃了五十八次。但是十個月後，他的店卻關門了。

我認為這兩個人在做事情時犯了一個錯誤：只做到了七十五分，少做了二十五分，進而導致了失敗。以這位員工為例，他在火鍋店花了很多心力，工作時間也相當長。每天晚上九點關門，清洗整理店面，直到十一點才離開，回到家小睡一下，凌晨四點又起床批貨；整理完食材後小睡一下，近中午去開店。他很勤奮，火鍋不難吃，最後還是失敗收場——為什麼呢？

如同先前提到的，商場競爭只有「一百分和零分」這兩個極端。開店，除了要掌控食材、裝潢，還要清楚來店裡消費的是哪些客人？他們吃了哪些鍋？下一次會點什麼鍋？到底客人吃火鍋時的想法是什麼？是否價位太高？口感如何？服務好不好？或者環境怎麼樣？需要停車嗎？有那些原因會讓他再來光顧？

我曾經和一位企業老闆吃飯，席間他說起：「我們生意人是連呼吸時都在賺錢。」他的意思是，在生活中他對事情的所有反應，都會回歸到經營的理念。若是想創業，就要培養自己對商業的敏銳度，才能踏出成功的第一步。

小事物大價值，我的蔥爆牛肉哲學

並不是每個人的個性都適合創業，有些人比較適合當上班族。有時我到企業做內訓，會告訴他們：即使是當個上班族，也不要自我設限，只將自己視為「上班族」，而是把自己當成一間公司來經營。若是真的能將自己經營得很好，做什麼事情就會表現得很不錯，也能夠更上一層樓。你在職場若能往上爬，看到的視野就會有所不同，人脈、思考、觀念，也會跟著改變。

我向來認為，做一件事情的時候，我們賦予它更多的意義及價值，就能將它發揚光大。但如果做一件事情，只將它當做是一件普通的事情在做，就沒有任何溫度、生命和感受了。例如你在便利商店當店員，站在收銀台時，認為自己的角色就只是收錢、給物品、幫客人裝袋嗎？其實不是這樣，如果你可以用熱忱的態度去面對客人、讓每一位顧客和你成為朋友，這家店的生意就會很好；你也可以因此看到不一樣的事情嗎？訓練自己的觀察力，甚至當客人走進店裡，就可以判斷他今天進來會不會買東西？他是什麼職業？

我十多歲時在一間餐廳當過一年的服務生，第三個月就有辦法做到這件事，那時我訓練自己記住客人的名字，以及喜歡吃的菜，方法是將客人的姓和他要吃的東西連接在一起，如陳小姐喜歡吃葱爆牛肉。點菜時，客人會有習慣性常點的菜，所以每一次點餐時會有一、二道菜和上次重覆，點菜時我會問她：「妳今天還要點葱爆牛肉嗎？」如果你記得住，她就會很喜歡你。創業後，我將這項習慣用在上面，記住每一家客戶的喜好，提案時，就會知道每一家廠商的習性。知道他們喜歡什麼，投其所好，提案成功的機率就比較高。

我沒辦法告訴年輕人，何時可以找到志向，現在的小孩，尤其是八年級生，在父母建構的溫室裡長大，被保護得太好，很難承受得了太大的壓力。如果想要創業，必須很認真的抬起頭來過自己的人生、先讓自己有信心，勇敢接受這個社會給予的嚴格挑戰，才能找到機會。每個人在這個世上一定有他的獨特之處，秉持這樣的自信，努力的找出自己的不同。就像每人生下來的指紋都不一樣，**找出自己與別人不同的地方，就是你的價值及成功所在。**

國家圖書館出版品預行編目(CIP)資料

投入，就有出路：大家都說要用熱情做事，謝銘杰卻說，成功得「先忘記你的情緒」
/ 謝銘杰 著；彭芃萱採訪撰文
-- 初版. -- 臺北市：大是文化, 2015.08
256面 ； 14.8×21公分. –（Biz ; 168）

ISBN 978-986-5770-97-6（平裝）

1. 謝銘杰 2. 企業家 3. 臺灣傳記

490.9933 104011535

Biz 168

投入，就有出路：

大家都說要用熱情做事，謝銘杰卻說，成功得「先忘記你的情緒」

作　　者／謝銘杰
採訪撰文／彭芃萱
封面攝影／吳毅平
責任編輯／吳欣穎
校對編輯／李志煌
主　　編／顏惠君
副總編輯／吳依瑋
發 行 人／徐仲秋
顧　　問／蘇拾平
會　　計／林妙燕
版權主任／林螢瑄
版權經理／郝麗珍
業務助理／馬絮盈
業務專員／陳建昌
行銷企畫／蔡瑋玲、林采諭
副總經理／陳雅雯
總 經 理／陳絜吾

出 版 者／大是文化有限公司
台北市衡陽路 7 號 8 樓
編輯部電話：（02）2375-7911
購書相關資訊請洽：（02）2375-7911 分機122
24小時讀者服務傳真：（02）2375-6999
讀者服務E-mail：haom@ms28.hinet.net
郵政劃撥帳號 19983366　戶名／大是文化有限公司

香港發行／大雁（香港）出版基地・里人文化
地址：香港荃灣橫龍街 78 號正好工業大廈 25 樓 A 室
電話：852-24192288　傳真：852-24191887
E-mail：anyone@biznetvigator.com

封面設計／林雯瑛　內頁設計、排版／思 思　印　刷／鴻霖印刷傳媒股份有限公司

出版日期／2015 年 8 月初版
ISBN　978-986-5770-97-6（平裝）

Printed in Taiwan
定價／新台幣 300 元
（缺頁或裝訂錯誤的書，請寄回更換）